三峡水库下游弯曲分汊河道演变规律

姚仕明　王洪杨　王　博　等著

科学出版社

北　京

内 容 简 介

受三峡水库及长江上游其他干支流水库建设、水土保持工程实施等因素的影响，三峡大坝出库的水沙条件发生了较大变化，径流过程有所坦化，洪峰流量削减明显，枯水期流量增加显著，下泄的泥沙量减幅超过 90%。这些变化影响长江中下游弯曲分汊河道的演变过程，进而可能对防洪安全、河势稳定、航道安全、岸线利用与保护等产生影响。本书主要通过实测资料与理论分析、概化模型试验与水沙数学模型计算相结合的研究方法，较为系统地研究长江中下游典型弯曲分汊河道的水沙运动与河床演变规律及两者的耦合作用机制，揭示非平衡输沙条件下水库下游弯曲分汊河道的演变规律，预测来沙量减少条件下弯曲分汊河道的演变趋势。本书研究成果可丰富河床演变学知识，为深入研究长江中下游分汊河道治理提供良好的基础。

本书可供从事河流泥沙基础理论、河床演变与整治、河流管理等相关人员阅读参考，也可供高等院校相关专业师生参考。

图书在版编目（CIP）数据

三峡水库下游弯曲分汊河道演变规律/姚仕明等著.—北京：科学出版社，
2020.7

　ISBN 978-7-03-065133-4

　Ⅰ.①三⋯　　Ⅱ.①姚⋯　　Ⅲ.①长江-下游河段-河道演变-研究

Ⅳ.①TV882.2

中国版本图书馆 CIP 数据核字（2020）第 083538 号

责任编辑：何　念　郑佩佩/责任校对：高　嵘
责任印制：彭　超/封面设计：图阅盛世

科 学 出 版 社 出版

北京东黄城根北街 16 号
邮政编码：100717
http://www.sciencep.com

武汉精一佳印刷有限公司印刷
科学出版社发行　各地新华书店经销
*

开本：787×1092　1/16
2020 年 7 月第 一 版　印张：9 3/4
2020 年 7 月第一次印刷　字数：231 000
定价：98.00 元
（如有印装质量问题，我社负责调换）

前　言

河床演变是河道水流泥沙运动与河床边界相互作用引起的河床在水平和垂直方向上的变形。影响河床演变的因素多且复杂，主要影响因素可概括为：由于气候及流域等条件造成的来水量及其变化过程，来沙量、来沙组成及其变化过程，河床形态和地质条件及人类活动等。这些因素往往相互影响、相互交织，不同时期对河床演变所起的作用会有较大差异。因此，这些因素均显著增加了人们对河床演变规律认识的难度。就长江中下游河道而言，以往对河道演变规律的研究更多侧重对观测地形的分析，从宏观上揭示河道演变规律，系统深入研究不够充分，尤其是对河道边界条件、水沙运动与河床演变规律耦合作用研究不够深入。分汊河道作为长江中下游最主要的河型，以往研究表明该类河道演变存在主支汊兴衰交替、主支汊易位有一定的周期性等特性，然而目前因受河道整治、岸线利用与保护、干支流水库建设运行、水土保持工程的实施等人类活动的影响，其演变呈现出新的特点，有些演变特性与以往认识并不完全一致。因此，有必要针对新的河道边界条件与来沙条件开展系统深入的研究。考虑到长江中下游分汊河道存在顺直微弯型、弯曲型及鹅头型三种亚类河型，但弯曲分汊河道河型最具有代表性。本书通过实测资料与理论分析、概化模型试验与水沙数学模型计算相结合的研究方法，研究来沙量减少条件下弯曲分汊河道的水沙运动特性与冲淤演变规律，为进一步深入研究分汊河道演变规律与治理提供基础。

本书共 6 章。第 1 章综述分汊河道的基本特征、水沙运动特性及演变规律的国内外研究现状，介绍本书的主要研究内容；第 2 章利用原型观测资料分析典型弯曲分汊河道的演变特征、弯曲分汊河道演变的主要影响因素，并对弯曲分汊河道主支汊易位的"渐变式"与"突变式"演变模式进行探讨；第 3 章结合概化模型试验，揭示顺直微弯型分汊河道、弯曲型分汊河道的水面比降变化特征、水沙运动及含沙量分布规律，建立三维水沙数学模型；第 4 章结合水沙数学模型计算与动床概化模型试验，揭示来沙量减少条件下弯曲分汊河道的冲淤演变规律；第 5 章通过分析弯曲分汊河道一维与二维水沙运动特性，结合河道边界条件，阐明水沙运动与河床演变的耦合作用机制；第 6 章预测来沙量减少条件下弯曲分汊河道的演变趋势。

本书是作者对近 20 年来有关长江中下游弯曲分汊河道演变研究成果的总结，全书由姚仕明教授级高级工程师构思、写作与统稿，此外硕士研究生王洪杨、王博参与第 2～6 章的写作，胡德超副教授参与第 4～5 章的写作。在本书的写作过程中，得到刘亚博士、崔占峰博士等的大力支持，在此表示感谢。

本书得到了国家自然科学基金面上项目"三峡运行后坝下游弯曲分汊河道演变规律研究"（51379018）的资助，特此致谢！

由于作者水平有限，书中难免存在疏漏与不足之处，欢迎读者批评指正。

作 者

2020 年 1 月

目　　录

第1章

绪　论

　　弯曲分汊河道广泛存在于各大河流之中，对其演变规律的研究一直是河床演变学的重要内容。1949 年以来，随着长江治理与保护工作的不断深入，长江中下游弯曲分汊河道边界条件及水沙条件发生了较大变化，与自然条件相比，河道演变呈现出新的特点。本章简要介绍分汊河道研究背景，国内外学者关于分汊河道的基本特征、水沙运动特性及演变规律的研究现状，以及本书的主要内容。

1.1　分汊河道研究背景

长江作为我国第一大河,流域面积约 $180×10^4$ km²,干流流经 11 个省、自治区和直辖市,长度约 6 300 km,承泄巨大的年径流量与输沙量,多年平均入海径流量约 $9 600×10^8$ m³,年均输沙量约 $4.33×10^8$ t。以湖北宜昌与江西湖口为界,将长江分为上游、中游与下游,其中长江上游约 4 504 km,中游约 955 km,下游约 938 km。自然条件下长江中下游干流河道边界条件大部分是河漫滩冲积平原,河岸基本由上层较薄的黏性土与下层深厚的砂性土的二元结构或更为复杂的多元结构组成,总体抗冲性较差,在水沙运动与河道边界条件的相互作用下,河道纵横向变形均较为剧烈。1949 年以来,长江中下游河道实施了下荆江系统裁弯工程,规模宏大的河势控制及护岸工程、中下游重点河段整治工程;另外,2000 年以来交通运输部门在长江中下游干流河道中也实施了一系列的航道整治工程。这些工程改变了河道岸滩的自然边界条件,增强了受保护的河岸与边滩的抗冲性,逐步控制了整治河段的总体河势[1]。

长江中下游干流分汊河道河型十分发育,宜昌至江阴全长约 1 630 km,共有分汊河段 55 处,其中 22 处为弯曲分汊型河道。长期以来,长江中下游弯曲分汊河道的主支汊存在易位现象、洲滩与河槽冲淤演变剧烈、主流摆动较为频繁的情况,严重影响防洪安全、航道畅通、涉水工程的正常运营、岸线利用与保护等,制约沿江经济与社会的可持续发展。三峡工程蓄水运用后,出库的水沙条件发生了较大变化,尤其是下泄的泥沙量减幅超过 90%、粒径明显变细,使中下游河道发生长时期、长距离、大幅度的冲刷,弯曲分汊河道的冲淤演变呈现新的特点。与此同时,随着长江中下游护岸工程与河(航)道整治工程的实施,增强了河道边界的抗冲性与稳定性,限制了河道横向变形的范围与幅度,弯曲分汊河道由建库前的自由发展向受限发展转变。因此,开展三峡工程蓄水运用后长江中下游弯曲分汊河道的演变过程与演变规律研究具有重要的理论意义,有助于丰富河床演变学的学科内容。

1.2　分汊河道国内外研究现状

1.2.1　分汊河道的基本特征

张小峰和刘兴年[2]编写的教材《河流动力学》中提出的将河流分为顺直微弯型、弯曲型、游荡型和分汊型 4 种河型被普遍接受。分汊型河道作为其中的一种,通常是河床中因心滩、沙洲造成河床分汊,宽窄相间的地貌形态。长江中下游河道基本为冲积性河道,分汊河道河型十分发育,而且平面形态差异较大,可大体分为鹅头型、弯曲型和顺直微弯型三种亚类河型(图 1.1)。通常情况下,分汊河道的平面形态是上端放宽,下端收缩而中间最宽。分流区位于分汊河道的进口放宽段,中间为汊道段,可能是两汊或多汊,各汊之间为江心洲,汇流区位于尾部出口段。罗海超[3]研究表明,长江中下游河道虽然比降很小，但是来水丰富且变幅相对较小，来水过程比较稳定，水流动力轴线摆动规律明显，有利于汊道的形成和发展。

（a）鹅头型

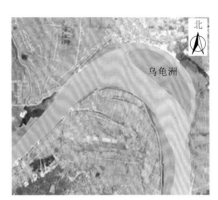

（b）弯曲型

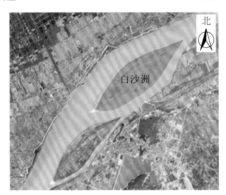

（c）顺直微弯型

图 1.1 长江中下游典型分汊河道河型

分汊河道的断面形态与单一河道相比存在差异。一般情况下，在分汇流区，因洲头、洲尾心滩的存在，其横断面形态表现为中间凸起的马鞍形，汊道段因江心洲的存在，表现为中间及两岸高、主支汊河槽低的断面形态。分汊河道单元内的纵剖面表现为分流区进口段、汇流区出口段偏低及中间汊道段偏高的形态，不同汊道单元则会呈现高低起伏的形态。一般情况下，分汊河道各汊的深泓高程也存在一定的差异，通常深泓偏高的为支汊，深泓偏低的为主汊，主支汊进口段均存在逆坡，支汊的逆坡要陡于主汊。水下地形也是支汊断面平均高程要高于主汊。汊道的出口到汇流区，两侧的深泓线顺坡下降，支汊一侧的纵坡要陡于主汊。

分汊河道平面变形较为复杂，对于自然状态下的分汊河道，两岸与江心洲的平面变形均较为剧烈，影响汊道阻力变化及分流分沙，进而引起主支汊易位。图 1.2 为南京八卦洲分汊河段在 1933 年与 1965 年的平面变形，可以看出，分汊河道进口、出口、两岸及江心洲的平面变化导致了主支汊易位。武汉天兴洲分汊河段在 20 世纪 50 年代以前，天兴洲左汊为主汊、右汊为支汊；50 年代以后，右汊逐渐冲刷发展，分流比逐渐增大，左汊逐渐萎缩，分流比逐渐减小，右汊于 70 年代初发展成为主汊，实现了主支汊的易位。

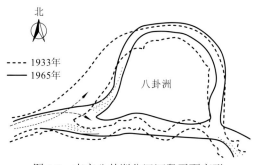

图 1.2　南京八卦洲分汊河段平面变形

1.2.2　分汊河道水沙运动特性

分汊河道水流运动较单一河段复杂，主要是因为有分流区和汇流区的存在，引起水沙在分流区分股输移、在汇流区汇合掺混。分流区的水沙运动在分汊河道演变中发挥"龙头作用"，直接关系滩槽演变与主支汊的冲淤变化。分流区的分流点位置随着流量的变化而发生相应变化，主要由水流动量的大小与分流区河道平面形态共同决定。流量大时，水流动量占优；流量小时，河槽约束占优。一般流量大时分流点下移，流量小时上提。汇流区域往往与流量、主支汊分流比、汇流角等因素有关。通常情况下，若流量越大，主支汊分流比差距越小，汇流角越小，则汇流点下移幅度越大；反之则上提。由于主支汊水流的交汇掺混，流态复杂，容易在交汇区域形成局部冲刷坑，这是汇流区演变的一大特点。

水流从分汊前单一河道流入汊道时会在一定的范围内发生流线弯曲，可能会产生次生流，而在汇流区因主支汊水流的汇合而产生强烈的掺混，形成局部复杂的流态与河床地貌。分、汇流区的局部复杂水流结构使得进出主支汊的水流与泥沙运动均发生调整，使得分流与汇流口门区水沙运动变得十分复杂。当分汊河道的来水来沙条件发生变化时，其分流、分沙及滩槽演变过程会做出响应，这对分汊河道演变的影响又增加了新的变量[4]。

丁君松和丘凤莲[5]通过原型观测资料分析和概化模型试验，研究了分汊河道的形态特征，水流结构、泥沙运动及汊道的分流分沙特性，探讨了悬移质分沙比和床沙质分沙比的计算方法，并建立了相应的关系式。余文畴[6]利用长江中下游分汊河道的实测资料分析了分流区的流速与含沙量的分布特性及沿程流速分布与分流区平面形态变化之间的关系，建立了分沙比与分流比之间的相互关系式。为了揭示分汊河道的水沙运动特性，杨国录[7]利用概化模型试验，探讨了鹅头型分汊河道分流区的水沙运动特性。姚仕明等[8]利用实测资料分析了分汊河道分流区水沙运动特征，以及水沙运动对汊道演变的影响，建立了分汊河道冲淤对分流、分沙变化响应的关系式，探讨了上游来沙条件变化下分汊河道演变趋势。李红等[9]和王伟峰等[10]利用概化模型试验研究了长江中下游典型分汊河道水流紊动特性和浅滩演变机制。

近些年来，采用数学模型模拟分汊河道的水沙运动特性取得了较大发展，针对天然分汊河道建立了大量的二维水沙数学模型[11-14]，但基本是针对具体工程技术问题而开展的宏观研究。童朝锋[15]、黄国鲜[16]、李琳琳和余锡平[17]利用三维水沙数学模型对概化分汊河道水沙运动与冲淤特性进行了模拟，但未开展天然分汊河道的三维水沙数值模拟。

1.2.3　分汊河道演变规律

分汊河道演变主要表现为江心洲、心滩与边滩，河槽和岸线的变化，分流分沙、变化，横断面和纵向冲淤等。自然条件下，分汊河道两岸边界抗冲性的不同会导致演变的差异。例如，分汊河道若一岸抗冲性强、另一岸弱，则在弱抗冲性河岸一侧会出现崩退，崩退侧汊道可能会出现单向移动，江心洲相应展宽。如果在河岸崩退的同时也向下游发展，那么汊道不仅表现为横向摆动同时还表现为纵向下移。若分流区河岸展宽，则洲头向上游淤长且洲头比较平缓。若分流区河岸相对稳定，上游河岸主流也比较稳定，则洲头一般表现为冲退且洲头比较陡峻。洲尾的冲淤主要取决于汇流角的大小，若汇流角比较大，则发生冲刷洲尾向上游退缩，尾部比较陡峻；如果汇流角比较小，汇流过程中泥沙淤积就会使洲尾向下游淤长[18]。

国内外学者围绕分汊河道成因及演变规律开展了大量的的研究工作。Richardson 和 Thorne[19]研究表明，横断面上存在多个大小不等的流核是河道由单一演变为分汊的主要原因。Chalov 等[20]以德维纳河北部和鄂毕河上游为例，分析了分汊河道的成因，认为分汊河道的形成与河道的不稳定、河道比较宽阔而形成的垂直交界面有关。中国科学院地理研究所[21]通过典型分汊河道的模型试验，在分析水流结构的基础上，讨论了分汊河道河床地貌与水流结构的关系。罗海超[3]、余文畴[22]利用原型观测资料与相关学科的理论知识，分析提出了长江中下游分汊河道的形成条件，阐述了节点在分汊河道演变中所起的作用，获得了长江中下游分汊河道的稳定性优于蜿蜒型河道稳定性的结论。倪晋仁和张仁[23]通过概化模型试验，证明了分汊河道的形成条件与流量过程、泥沙输移存在较密切的关系，指出定常的流量不能提供分汊河道交替发展所需的动力条件，太大的流量变幅又会使河型发展为游荡型。余文畴[18]、马友国和高幼华[24]认为自然条件下鹅头型分汊河段演变主要取决于本身的河床形态、边界条件及水流条件的变化，基本上遵循新生汊道的产生→扩大→平移→衰亡而完成它一个完整的演变周期。江凌等[25]分析了沙市河段的河床演变特点与三峡工程蓄水运用后该河段的演变趋势，认为分汊河道的水沙运动特性是决定其发展与萎缩的主导因素。陈立等[26]、孙昭华等[27]、王博等[28]、熊治平和邓良爱[29]分别开展了三峡水库下游不同类型分汊河道演变机理研究，获得了一些新的认识。

1.3　本书主要内容

弯曲分汊河道作为长江中下游分汊河道亚类河型之一，在具有共同分汊河道演变特性的基础上，有其自身演变的特殊性，尤其是弯曲分汊河道演变与其弯曲度关系密切。

另外，长江中下游弯曲分汊河道演变与来水来沙条件、河道边界条件、河床组成等因素有关，尤其是弯曲分汊河道总体平面形态在河势控制工程及护岸工程的作用下，加上长江干支流水库群建设运用及其他人类活动影响引起的水沙条件的改变，均使得弯曲分汊河道演变过程及特性发生一定的变化，均需要开展相关分析研究，以便于揭示新的水沙条件与河道边界条件下长江中下游弯曲分汊河道的演变规律。

本书通过收集以往相关研究成果、典型弯曲分汊河道水文泥沙与河道地形资料，采用理论阐释、河床演变分析、概化模型试验与数学模型计算等相结合的研究方法及技术手段，综合研究三峡水库下游弯曲分汊河道的水沙运动特性、河床演变规律及两者的耦合作用机制，并预测其演变趋势。

本书主要包含 5 个方面的内容。

（1）不同弯曲度的分汊河道演变特征研究。以关洲分汊河段、监利乌龟洲分汊河段、陆溪口分汊河段及武汉天兴洲分汊河段作为不同弯曲度的典型弯曲分汊河道，利用原型观测资料，对其历史及近期河道演变进行分析。探讨来水来沙条件变化对分汊河道主支汊冲淤变化的影响，对比三峡工程蓄水运用前后这些河段水沙运动特性及河道演变特性发生的变化，进而分析弯曲分汊河道演变过程中的主要影响因素；同时对不同弯曲度弯曲分汊河道间的演变进行差异性分析，据此探讨弯曲分汊河道主支汊易位的可能模式。

（2）弯曲分汊河道水沙运动特性研究。重点研究分流区及汊道内水面比降、典型断面的流速分布、流速沿程变化及分流区环流特性等，计算分析分流区挟沙因子随流量变化的分布特性，分析不同来沙条件下弯曲分汊河道分流区含沙量的分布规律及主支汊分流、分沙随流量变化的特性，探讨分汊河道分流区最大水流功率与最大悬移质含沙量区域异位的机制。

（3）弯曲分汊河道冲淤演变规律研究。进行弯曲分汊河道典型年和系列年试验，分别研究不同水沙组合条件下分汊河道地形的冲淤演变特性及河道边界条件对江心洲移位的作用机制，揭示弯曲分汊河道主支汊易位的转换模式，并探讨影响其转换的临界水沙条件。

（4）弯曲分汊河道水沙运动与河床演变耦合作用机制研究。三峡工程运用后，长江中下游河道的来水来沙条件发生变化，尤其是来沙条件发生显著变化，利用概化模型试验与水沙数学模型计算，研究典型水文年弯曲分汊河道年内冲淤演变过程，以及不同流量级历时与滩槽演变过程的相互关系。通过弯曲分汊河道悬移质、推移质泥沙输移特性分析，结合三维水沙数学模型成果，综合研究分汊河道水沙运动与河床演变的耦合作用机制。

（5）来沙量减少条件下弯曲分汊河道演变趋势预测。根据三峡工程蓄水运用后水库下游水沙系列的变化特征，利用水沙数学模型开展弯曲分汊河道河床冲淤预测计算，结合实测资料分析及物理模型试验成果，对来沙量减少条件下弯曲分汊河道的演变趋势进行预测。

第2章

不同弯曲度弯曲分汊河道演变特征

本章根据距三峡大坝的远近、不同弯曲度、河床组成差异等因素分别选取关洲分汊河段（弯曲型，卵石夹砂河床）、监利乌龟洲分汊河段（弯曲型，沙质河床）、陆溪口分汊河段（鹅头型，沙质河床）及武汉天兴洲分汊河段（顺直微弯型，沙质河床）作为典型弯曲分汊河道研究案例，分析三峡工程蓄水运用前后弯曲分汊河道的演变规律。

2.1　典型弯曲分汊河道演变特征

2.1.1　关洲分汊河段

关洲分汊河段位于荆江河段的首端，距离葛洲坝水利枢纽工程约 61 km，河床组成较为复杂，弯曲度较小，其汊道分流比大小与流量关系密切，随着流量变化，主支汊地位年内发生交替。

1. 三峡工程蓄水运用前的演变规律

关洲分汊河段历年河床平面形态、洲滩格局和河势相对稳定。关洲分汊河段河床组成较粗，左汊主要为砂卵石河床，右汊主要为卵石河床，抗冲性较好，因此洲头较稳定，洲体的形态和大小未出现明显变化（表 2.1）。1998 年大洪水过后，关洲洲体下段串沟冲深扩大，与 1996 年相比，冲深 3～4 m。洲背左、右心滩活动频繁，特别是左心滩，时大时小，时隐时现，总体上显示漫洲水流摆动不定，洲背受冲，洲顶及串沟高程有所降低[29]。自然情况下，关洲河段年内水动力轴线随来流涨落而变化，主支汊年内左右易位，其临界流量为 20 000 m³/s。流量大于 20 000 m³/s，左汊为主汊；流量小于 20 000 m³/s 时，右汊为主汊[30]。洪水期主流通过左汊下泄，分流比大于 50%，即关洲夹成为主汊，中水期、枯水期主流从右汊下泄，分流比大于 50%。

表 2.1　关洲分汊河段特征值（35 m 等高线）

年份	长度/m	最大宽度 / m	面积 / km²	洲顶高程（黄海高程）/ m
1970	4 900	1 650	4.70	—
1975	6 000	1 580	5.70	—
1980	5 000	1 520	5.25	47.3
1996	5 100	1 520	5.06	47.5
1998	5 500	1 400	4.83	46.9

2. 三峡工程蓄水运用后的演变规律

表 2.2 为三峡工程蓄水运用后 35 m 等高线关洲面积变化统计表。从表中可以看出：三峡工程蓄水运用后关洲面积变化不大，整体较蓄水前减小，年冲淤面积在 0.07 km² 以内，整体为冲刷减小态势，2003 年 3 月～2008 年 3 月累计减小 0.12 km²。

表 2.2　关洲面积变化统计表（35 m 等高线）

项目	2003 年 3 月	2004 年 3 月	2005 年 3 月	2006 年 3 月	2007 年 3 月	2008 年 3 月
面积 / km²	4.88	4.83	4.87	4.8	4.78	4.76
与上年相比变化值 / km²	—	-0.05	+0.04	-0.07	-0.02	-0.02

　　2002 年 10 月～2006 年 6 月关洲分汊河段河床变化不大,但左岸边滩出现崩岸(图 2.1),2006 年 6 月～2011 年 11 月关洲左汊河床发生了较大幅度冲刷,深槽冲深扩大并向关洲左缘方向摆动;由于左汊河床的冲刷使得左汊进口沙卵石槛大幅度缩窄,2006 年 6 月、2008 年 10 月、2011 年 11 月的沙卵石槛上下游 30 m 等高线间距分别为 1 290 m、870 m、760 m;左汊河床较高,且左岸有四姓边滩,断面相对宽浅,高水期过水断面急剧增大,易于高水迎流过沙;而右汊河床较低,断面相对窄深,枯水期进流输沙自然有利。因左右汊冲刷发展程度的差异,关洲左汊的冲刷较右汊严重,主支汊年内易位的临界流量也有所减小, 由以往的 20 000 m³/s 减小至约 17 000 m³/s。

图 2.1　顾家店镇焦岩子处崩岸(2005 年 6 月拍摄)

　　尽管左汊近几年来有较大幅度冲刷（含采砂影响）, 由于长江航道局在左汊口门部位已实施了两道护滩带工程,一定程度上抑制了左汊分流比的增加,左右汊分流关系基本稳定。

　　从图 2.2（a）可以看出,自 1998 年三峡建坝开始,关洲洲体 35 m 等高线变化主要表现为洲尾左缘冲刷崩退,凸岸（左岸）边滩大幅冲刷后退,上弯段边滩 35 m 等高线完全冲蚀转移至岸边。在 2004～2006 年,关洲河段 35 m 等高线总体变幅不大。

　　2006 年 6 月三峡工程蓄水运用以来,关洲洲头 35 m 高程线以上的部位冲刷变化不大, 35 m 高程线以下的部位明显冲刷后退。关洲洲面被冲刷切割,洲面串沟冲刷扩大, 将关洲洲面切割成两部分;关洲洲体下半部的左右缘冲刷崩退,洲尾 30 m 高程线,2006 年 6 月～2008 年 10 月、2008 年 10 月～2011 年 11 月分别上提 80 m、340 m。从图 2.2（b）的对比分析来看,2011 年 11 月～2016 年 11 月期间,关洲洲体下半部的左缘边滩面积明显缩小,难以通过自然演变来加以解释,疑似人为采砂所致。

　　总体来看,近坝段卵石夹沙型分汊河道经过十多年的"清水"冲刷,左右汊均发生较大规模的冲刷下切,边滩局部略有冲淤变形,目前冲刷调整基本完成,短汊发展占优,但未发现明显主支汊易位的现象,该类型河道河势格局基本稳定。随着三峡及上游梯级水库群联合运用,虽然该类型河道还会长期遭受"清水"冲刷影响,但河床受表层卵石

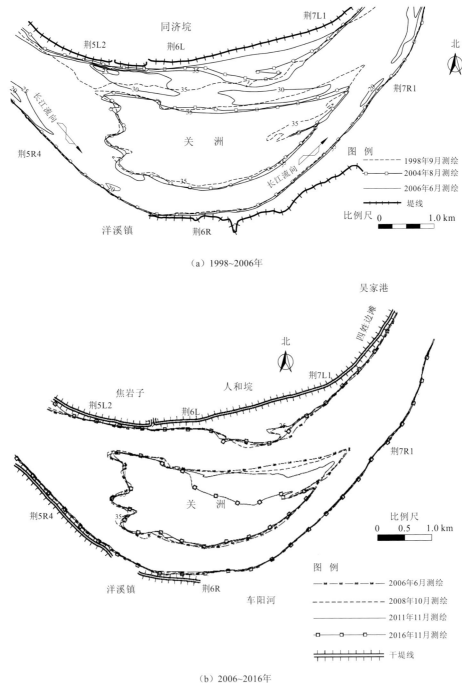

（a）1998~2006年

（b）2006~2016年

图 2.2　关洲近期平面（35m 等高线）变化图

荆 XL 指荆固断面左岸位置；荆 XR 指荆固断面右岸位置

夹沙的保护，且下泄径流量过程将会进一步坦化，出现大洪水的概率也会大大降低，因此有利于卵石夹沙型分汊河道的河势稳定。但该河段存在非法采砂现象，在一定程度上可能影响河道形态发展，具有改变河势格局的可能性。

2.1.2　监利乌龟洲分汊河段

监利乌龟洲分汊河段位于下荆江，弯曲度较大，为沙质河床，自然条件下该河段洲滩与河槽演变较为剧烈，主支汊存在周期性易位。三峡工程蓄水运用后乌龟洲分汊河段演变出现新的特点。

1. 三峡工程蓄水运用前的演变规律

监利弯道段主流在左汊时，乌龟洲洲体依附右岸，遇丰水年或汛期高水位，主流曲中取直、切滩拉槽形成窜沟或新右汊，新右汊逐渐发展成主汊后，主流逐步向左岸摆动，贴岸冲刷乌龟洲左缘。乌龟洲的变化与主流的变化息息相关，既受主流的制约，又反过来作用于主流。近 90 年来，主支汊摆动周期性交替：左汊大多年份为主汊，但在 1931～1945 年、1971～1975 年右汊为主汊；1992 年 9 月右汊冲刷发展成主汊，左汊逐年淤积萎缩，2006 年枯水期几乎断流；1982～1989 年左汊为主汊，左汊多年平均分流比为 79.4%、分沙比为 82%，右汊多年平均分流比为 20.6%、分沙比为 18%，左汊的平均分流比、分沙比均显著大于右汊；1990～1993 年，因右汊冲刷发展、左汊淤积萎缩，两汊的分流比、分沙比均发生了一定的变化，这期间左汊平均分流比为 50.1%、分沙比为 48.6%，左右汊平均分流比、分沙比比较接近；1990 年之后，因监利水文站的年均输沙量有所减少，有利于右汊冲刷发展；1993 年后，右汊继续冲刷发展，主汊地位不断得到巩固；2001～2002 年，右汊平均分流比为 90.8%、分沙比为 91.1%，左汊平均分流比、分沙比均不足 10%。

乌龟洲自 20 世纪 50 年代以来，不断淤高（表 2.3），主支汊频繁交替期间，乌龟洲滩体规模较小，右汊稳定发展后，乌龟洲规模逐步增大。20 世纪 80 年代中后期之前，乌龟洲滩体规模较小且年际间变化不大，滩体面积稳定在 3～4 km²；进入 80 年代中期以来，为右汊的稳定发展期，乌龟洲左侧大幅度向左汊内淤长，滩体面积增大，洲长和最大洲宽均有所增加。1998 年以后，乌龟洲洲长、洲宽、面积逐年减小，其中 1998～2002 年乌龟洲洲头冲刷后退约 1500 m，乌龟洲右缘全线冲刷后退，中下部最大冲刷后退约 400 m，乌龟洲左缘有所淤积左移。

表 2.3　蓄水前乌龟洲特征值（25 m 等高线）

日期	洲长 /m	最大洲宽 /m	面积 /km²	洲顶最大高程 /m
1965 年 4 月	4 000	1 890	4.10	30.7
1970 年 11 月	4 960	1 440	4.38	32.3
1975 年 6 月	5 900	960	2.96	30.8
1980 年 6 月	3 920	1 350	3.93	30.6
1987 年 6 月	6 900	2 030	10.03	32.6
1993 年 10 月	7 000	2 400	9.55	31.5
1998 年 10 月	7 520	1 834	10.10	33.9
2002 年 9 月	5 915	1 790	8.40	34.0

新河口边滩位于右汊弯道的凸岸，20 世纪 80 年代中后期以前，乌龟洲分汊河段主流大多数时间位于左汊，新河口边滩常与乌龟洲连为一体。到 20 世纪 90 年代初，右汊逐渐发展成为主汊并进入稳定发展时期，新河口边滩与乌龟洲逐渐分离，边滩头部有所冲刷后退，边滩中部和尾部淤宽长大。1995~2003 年，新河口边滩位置及形态变化不大，年际间主要表现为冲淤交替，年内表现为涨水期边滩淤积、退水期边滩冲刷的演变规律。

2. 三峡工程蓄水运用后的演变规律

乌龟洲洲头心滩处于分流区偏右汊的中下段，该心滩的演变主要受主流左右摆动变化的影响，根据洲头心滩冲淤变化可以看出，乌龟洲洲头心滩的演变通常表现为生成、淤长再左移的变化过程。心滩年内变化基本遵循涨水期淤积、退水期冲刷的演变规律。

2002~2007 年，三峡工程已经开始初期蓄水运用，拦蓄了部分泥沙，监利乌龟洲洲体平面位置向左略有移动，洲尾右缘最大左移约 300 m。表 2.4 表明，自蓄水运用后，乌龟洲缓慢萎缩，洲体面积由 2003 年的 8.28 km^2 减小到 2009 年的 7.25 km^2。乌龟洲右汊自 1990 年冲刷发展，至 1995 年完全发展成为主汊，随后右汊继续冲刷发展，乌龟洲右缘平均冲刷后退 500 m，左缘有所淤长，乌龟洲总体有所萎缩。

表 2.4　蓄水后乌龟洲特征值（25 m 等高线）

日期	洲长 /km	最大洲宽 /km	面积 /km^2
2003 年 11 月	6.37	1.79	8.28
2004 年 11 月	6.25	1.75	7.98
2006 年 1 月	6.34	1.77	7.86
2007 年 1 月	6.28	1.80	7.85
2008 年 1 月	6.25	1.75	7.71
2009 年 9 月	6.00	1.65	7.25

三峡工程蓄水运用以来，新河口边滩以滩头冲淤交替变化为主。2003~2005 年，边滩头部淤长上延并向河槽内淤展，最大展宽约 390 m；2005~2007 年，边滩头部冲刷后退，恢复到 2003 年的位置。新河口边滩尾部多年来相对稳定。2003~2005 年，乌龟洲洲头心滩与深槽均遭到冲刷，平滩以下河槽以冲刷为主，洲头浅滩区域的断面宽深比有所减小；2005~2007 年，乌龟洲洲头心滩进一步冲刷左移，但附近的深槽淤浅，浅滩区域河床主要表现为心滩冲刷河槽淤积，枯水位以下断面宽深比增加，该区域的断面形态演变不利于航道的通畅。

2006 年航道部门对乌龟洲洲头串沟实施了应急工程。2007~2009 年由于乌龟洲右缘较大幅度的持续冲刷崩塌，对维持右汊的通航水深条件带来明显不利影响。2009~2010 年航道部门在乌龟洲洲头心滩处建设由一道滩脊护滩带、两道横向护滩带和三道横向鱼刺坝组成的鱼骨坝，在乌龟洲洲头及右缘至尾部实施了护岸工程。目前，航道工程的实施基本稳定了乌龟洲洲体平面位置格局和左右汊道的主支汊地位（图 2.3）。

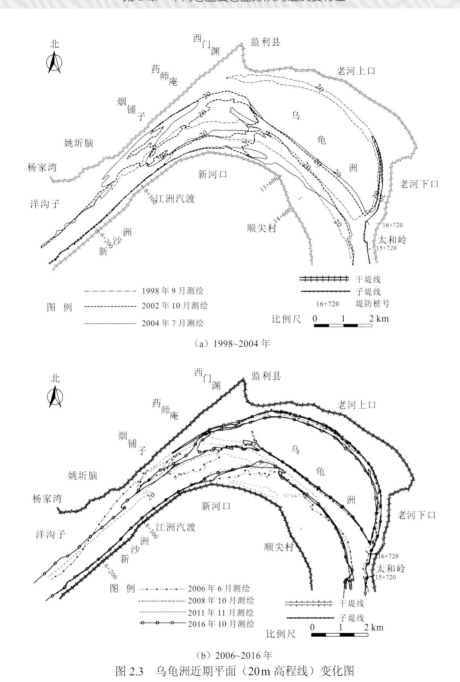

（a）1998~2004 年

（b）2006~2016 年

图 2.3　乌龟洲近期平面（20m 高程线）变化图

　　总体来看，沙质型弯曲分汊型河道受上游主流摆动的影响而出现汊道周期性兴衰交替的特点，坝下游河道经过长期治理，该类型河道上游河势一般较为稳定。三峡工程蓄水运用后，在"清水"长期冲刷下，主支汊均出现不同程度的冲刷态势，其中主汊冲刷幅度较大，而支汊冲刷幅度相对较小，由于江心洲一般实施护岸工程较少，洲头、洲尾及靠近主汊侧边滩一般会处于冲刷崩退状态。相关该类型河道江心洲整治工程，在一定程度上稳定了江心洲，有利于该类型河道的河势稳定。随着三峡工程及上游梯级水库群联合运用,该类型河道将会长期遭受"清水"冲刷的影响,在上游河势稳定的前提下,预计该类型河道基本维持现有格局,但主支汊将会在相当长时间处于冲刷状态,可能引起局部边滩或高滩等发生不同程度的崩塌,对在该类型河道已实施的整治工程将会造成一定的不利影响。

2.1.3　陆溪口分汊河段

陆溪口河段属于典型的鹅头型分汊河道,具有凸岸新汊生成→新汊弯曲发展称为主汊→主汊衰退→新汊重新生成的一般性演变规律。该分汊河段位于长江中游洪湖市和嘉鱼县交界处,上起赤壁山,下至刘家墩,长约 14 km(图 2.4)。上游为界牌河段,下游为嘉鱼河段。河段进口处右岸有赤壁山单侧节点,从赤壁山以下河床逐渐向左展宽,最宽处达 6 500 m。目前鹅头顶部有新洲和中洲两个江心洲,将河段分为直港、中港和园港。

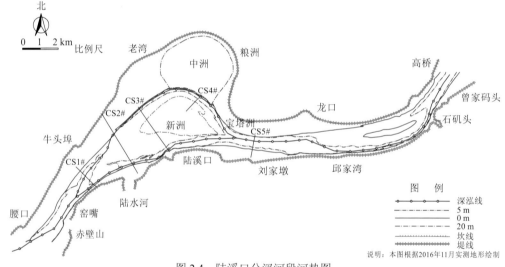

图 2.4　陆溪口分汊河段河势图

陆溪口分汊河段进口处受右岸赤壁山挑流节点控制,左岸为广阔阶地与河漫滩,抗冲性较差。河道内中洲主要由粉质黏土和粉砂层组成,新洲主要由松散的细砂和粉细砂组成。直港进口浅区河床地质主要由砾砂、圆砾、粗砂和中砂组成。直港航程短、航线顺直,较为稳定,由于进口浅区冲刷缓慢,退水时水深不足,在枯水期后期,航道走中港,两航槽交替使用。2004 年,该河段实施了航道整治工程,包括新洲头部鱼嘴及洲脊顺坝、中洲护岸和直港进口浅区挖槽疏浚工程。

1. 三峡工程蓄水运用前的演变规律

三峡工程蓄水运用前,自陆溪口河段发展为鹅头型分汊河道以来,经历了三个完整的演变周期,分别是 1957~1968 年、1968~1984 年、1984~2003 年(图 2.5)。经过 1957~1959 年的冲刷发展,新中汊已基本形成,分流量逐年增加,而老中汊继续走向衰亡。

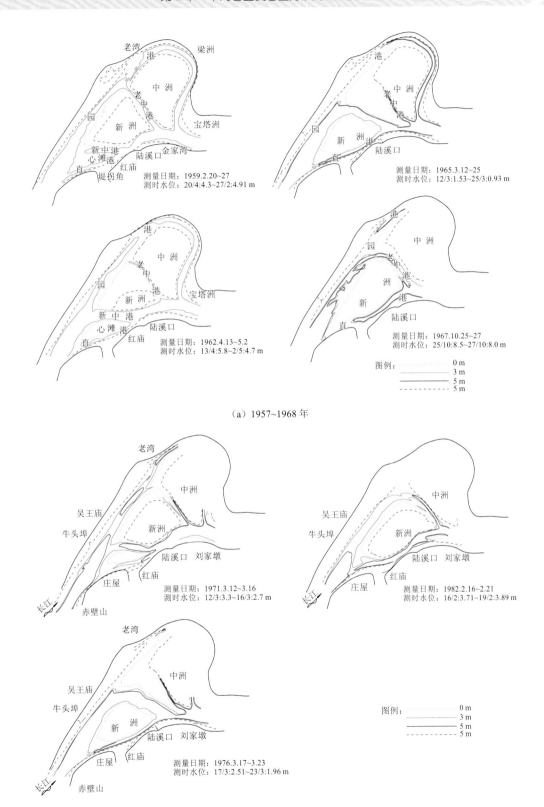

测量日期：1959.2.20~27
测时水位：20/4:4.3~27/2:4.91 m

测量日期：1965.3.12~25
测时水位：12/3:1.53~25/3:0.93 m

测量日期：1962.4.13~5.2
测时水位：13/4:5.8~2/5:4.7 m

测量日期：1967.10.25~27
测时水位：25/10:8.5~27/10:8.0 m

图例：
　　　　　 0 m
　　　　　 3 m
　　　　　 5 m
　　　　　 5 m

（a）1957~1968 年

测量日期：1971.3.12~3.16
测时水位：12/3:3.3~16/3:2.7 m

测量日期：1982.2.16~2.21
测时水位：16/2:3.71~19/2:3.89 m

测量日期：1976.3.17~3.23
测时水位：17/3:2.51~23/3:1.96 m

图例：
　　　　　 0 m
　　　　　 3 m
　　　　　 5 m
　　　　　 5 m

（b）1968~1984 年

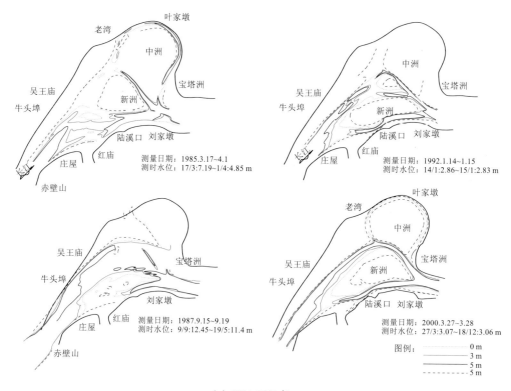

（c）1984~2003 年

图 2.5　陆溪口河段演变周期变化

新中汊受到弯道环流影响，汊道左侧沙洲不断崩塌，深泓线随之向下摆动，右汊汇流的顶托使得新洲洲尾泥沙落淤，洲尾下移。1965~1967 年新中汊出口下摆至老中汊的历史位置，至 1968 年新中汊已基本回归老中汊故道，之后新洲洲头在汛后产生串沟，又演变为新的中汊。经过 1968 年形成的新中汊不断冲刷下移，1974~1975 年，新中汊移动至新洲中部，至 1979 年汛后，新中汊下段复归老中汊故道，左汊进口淤塞。而在 1983 年汛后枯水期，中洲洲头再次出现分流汊道，又形成一个完整的演变周期。1984~2003 年具有同样的演变周期性。

总之，一个完整的演变周期通常以新洲洲头串沟出现，即新洲被切割成两部分为开始，结束于老新洲并入中洲，左侧心滩淤长为新的新洲，亦即老中港萎缩消失，串沟冲刷发展为新中港。在 2003 年，新洲被严重冲刷，洲头被串沟切割成两部分，头部浅滩高程在 20 m 以下，但串沟两侧 16 m 等高线连通，且新洲右缘淤积右移明显，新的一轮演变周期开始。

2. 三峡工程蓄水运用后的演变规律

1）深泓线平面变化

2003 年三峡工程蓄水运用后陆溪口河段平面形态整体稳定，但分流区深泓线平面位置及新洲洲头平面调整幅度较大。如图 2.6 所示，深泓线平面位置变化较明显的部位为分流区和汊道中下部，分流点位置变化与进口处主流位置有很大相关性，上游河段深泓偏右岸时，来流直接顶冲赤壁山节点，挑流作用明显。分流点上提（如 2005 年、2007 年），且左汊深泓较为平顺；而进口处深泓偏左岸时，主流需逐渐向右过渡到赤壁山处深槽而后顶冲挑流节点，挑流作用大为削弱。分流点下移（如 2003 年、2011 年），左汊深泓蜿蜒曲折。另外，直港中下段深泓平面摆动明显，且呈逐渐左移趋势，中港出口处深泓同样逐渐左移但幅度有限。

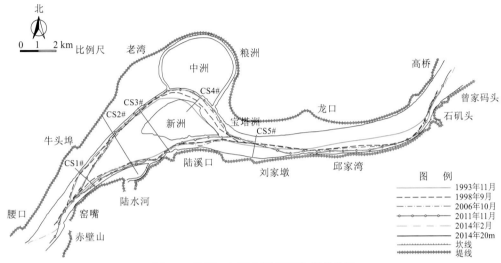

图 2.6　陆溪口河段深泓平面位置变化图

2）洲滩平面变化

2003 年以来，中洲整体位置左移幅度很小，演变主要表现在右缘及洲尾冲刷崩退，呈逐年冲刷趋势，但受堤防控制，冲刷幅度有限。而新洲则经历了明显的冲淤调整，根据新洲 20 m 等高线变化可知（图 2.7），蓄水至 2007 年，头部略有冲刷，此后大幅淤积，

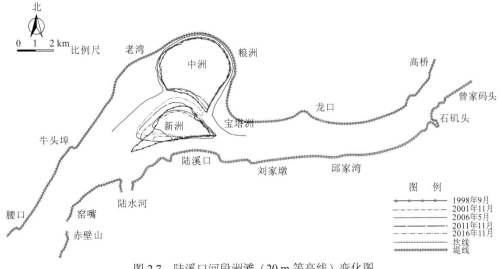

图 2.7　陆溪口河段洲滩（20 m 等高线）变化图

面积增大，至 2011 年，面积增加近一倍。2003～2007 年蓄水初期，新洲洲头严重冲刷，串沟的出现说明河段遵循蓄水前演变规律进入新一轮的演变周期；但 2007 年之后，由于人为采取了守护新洲、封堵串沟等相应的整治措施，遏制了河段分汊格局进一步变化，新洲又恢复淤积，面积增加，形态恢复至蓄水前的半梭形。

3）横断面冲淤变化

分析陆溪口分汊河段典型横断面形态变化可知（图 2.8），2003 年三峡工程蓄水运用后新洲经历了先冲后淤过程，中部洲顶高程变化最为明显，而洲头和洲尾主要表现为位置摆动，即左右缘冲淤明显。两岸 15 m 以下高程岸坡则仍遵循弯道内洲滩"凸岸淤积，凹岸冲刷"的规律，整体位置略有左移。但当新洲上有串沟发生时，新洲表现为左岸高滩冲刷明显，而此时右岸及直港多表现为淤积，由此可知串沟的出现会严重影响新洲稳定性及直港河槽的淤积。三峡工程蓄水运用后，直港和中港冲淤调整不同，直港总体呈先淤积后冲刷趋势，下切幅度大于淤高幅度，断面以展宽为主；而中港表现为先冲刷后淤积，断面先展宽后缩窄。同一年，河段滩槽冲淤也不同步，尤其是直港与新洲对比非常明显，直港河槽与新洲呈此冲彼淤态势，表现为高水期淤槽冲滩，枯水期淤滩冲槽。

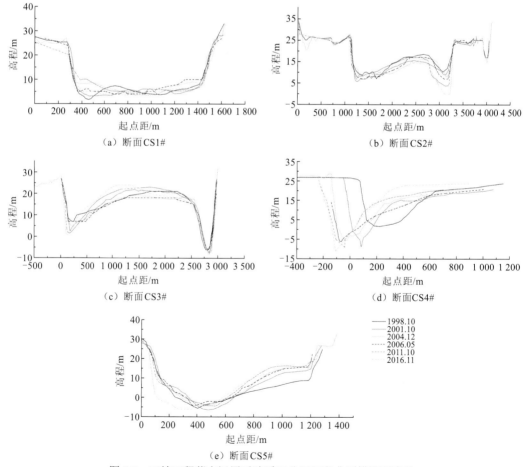

图 2.8　三峡工程蓄水运用后陆溪口分汊河段典型横断面变化

4）分流格局变化

三峡工程蓄水运用后陆溪口分汊河段的汊道格局产生了较大变化，主流由直港摆向中港后又回到直港。三峡工程蓄水运用前直港为主汊道，而蓄水运用后直港分流比逐渐下降，中港分流比不断增大，至 2009 年中港分流比达 60%以上。此后航道整治工程的实施导致直港分流比又增大，至 2011 年汛期，直港分流比已超过 50%，主流又重新回到直港（表 2.5）。

表 2.5　三峡工程蓄水运用后陆溪口河段分流比变化

日期	流量/（m³/s）	分流比/%		
		直港	中港	园港
2005 年 4 月	14 070	40.7	57.6	1.7
2009 年 1 月	8 625	36.2	63.8	0
2011 年 2 月	9 665	48.1	51.9	0
2011 年 7 月	22 968	52.3	47.7	0
2011 年 10 月	11 400	52.1	47.9	0

总体来看，鹅头型分汊河道受到上游主流摆动影响而出现河势调整与滩槽冲淤具有明显变化的特点。三峡工程蓄水运用后，在"清水"长期冲刷下，该类型河道左、中、右三汊均出现不同程度的冲刷下切，局部边滩出现不同程度的崩塌，受已建护岸与航道整治工程等影响，该类型河道河势格局不会明显变化，在同一水文年的不同时期，上游河势通过调整进口主流走向改变节点挑流作用，从而对下游汊道的演变产生影响，一般在中高水流情况下，在上游节点挑流作用下主流走中汊，而在中小水流条件下，节点挑流作用减弱，主流坐弯走右汊。随着上游水库群等人类活动日益频繁，该类型河道也将长期遭受"清水"冲刷的影响，在上游河势稳定与径流过程未发生较大调整的前提下，预计该类型河道也基本维持现有格局，但可能引起局部洲滩与边滩崩塌，分流比和分沙比也会有所调整，导致汊道河势不稳。

2.1.4　武汉天兴洲分汊河段

武汉天兴洲分汊河段为顺直微弯型双分汊河段，弯曲度较小，自长江大桥至阳逻，长约 33.8 km，天兴洲分汊河段为左右汊，左汊为支汊，右汊为主汊。河段进口由龟山、蛇山二山控制，江面宽 1 100 m，为该河段最窄处，河道出口受左岸十里长山与右岸青山制约（图 2.9）。近 70 年来，该河段实施了大量的整治工程，河道边界条件基本稳定。

1. 三峡工程蓄水运用前的演变规律

20 世纪 70 年代以来，武汉天兴洲分汊河段进口段的深槽位于武昌侧，习惯称之为武昌深槽，边滩位于汉口侧，习惯称之为汉口边滩，汉口边滩的冲淤变化与年内来水来

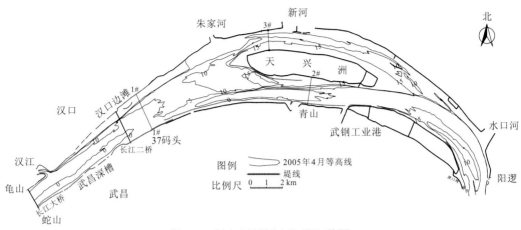

图 2.9　武汉天兴洲分汉河段河势图

沙过程密切相关。一般情况下，中高水期边滩中上段冲刷萎缩，汛期后至次年初回淤，枯水期边滩回淤下延至天兴洲左汉口门附近。年际间汉口边滩冲淤变化表现为：1986～1988 年边滩宽度变化较小，相对较为稳定；1998～2002 年边滩上段略有淤长，下段边滩冲刷，武昌深槽冲刷发展，深泓向左摆动，汉口边滩总体冲刷萎缩。

青山边滩位于天兴洲右汉内的右岸，边滩的冲淤变化与天兴洲右汉的演变关系密切。1986～1988 年，天兴洲右汉泥沙淤积严重，导致边滩急剧淤长；1998～2002 年天兴洲右汉冲刷明显，边滩冲刷萎缩严重。

天兴洲分汉河段演变主要体现在洲头心滩与主支汉的冲淤变化，洲体右缘的冲刷崩退与左缘的淤长。总体而言，右汉有所冲刷发展、左汉淤积萎缩，洲体有所冲刷萎缩，15 m 等高线的洲体面积由 1986 年的 21.9 km² 减小至 2002 年的 17.8 km²（表 2.6）。

表 2.6　武汉天兴洲分汉河段（15 m 等高线）年际变化

年份	洲长/km	最大洲宽/km	洲顶高程/m	洲体面积/km²
1986	14.51	2.23	—	21.9
1998	12.92	2.35	25.3	19.5
2001	11.79	2.40	24.7	17.9
2002	11.40	2.40	—	17.8

2. 三峡工程蓄水运用后的演变规律

天兴洲近年来实测分流区特征断面形态年内冲淤变化见图 2.10。由断面图可知，分流区左岸汉口边滩在洪水期淤积，枯水期冲刷，右侧深槽在中洪水期时冲刷，枯水期时淤积。从蓄水后水流条件来看，年内中小水流量历时延长，天兴洲河段主流整体偏右，使得汉口边滩展宽淤积，但是来沙量的减少会限制汉口边滩的淤积幅度，同时有利于深

槽及天兴洲主汊的冲刷发展；大流量时，水流对汉口边滩进行切割冲刷，左汊分流比、
分沙比增大，不至于使左汊出现明显萎缩。

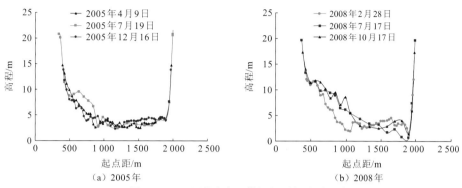

图 2.10　天兴洲分流区特征断面年内冲淤变化

　　图 2.11 为天兴洲洲头低滩在汛期的变化图，2008 年汛期过后（最大流量 45 200 m³/s），
低滩滩头明显冲刷后退，而水量较大的 2010 年汛期过后（最大流量 58 900 m³/s），低滩
大幅度淤积上延，展现了截然不同的现象。从整个断面变化（图 2.12）来看，虽然断面
整体呈现淤积性质，但仅仅是右侧的主河槽维持单一的淤积态势，左侧低滩变形却因流
量级的不同而存在冲或淤两种可能。

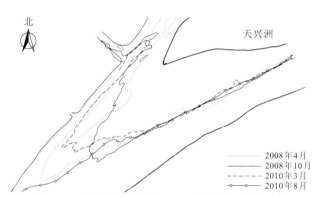

图 2.11　天兴洲洲头低滩（10 m 等高线）汛期变化

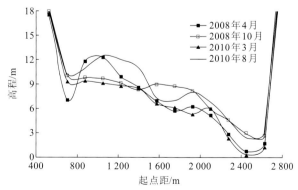

图 2.12　天兴洲洲头低滩中下部断面汛期变化

2.2 弯曲分汊河道演变主要影响因素

2.2.1 河道边界条件

长江中下游河床除陈家湾以上河段以砂卵石为主而与其他河段有明显差异外，陈家湾以下河段河床组成均为沙质河床、无显著差异，均以 0.10～0.25 mm 的细颗粒泥沙为主。长江中下游两岸地貌条件有较大差异，沿江分布有众多节点。节点分布的差异对于分汊河道的发育和河势变化有着重要影响，两岸对峙的节点常为河道束窄的锁口，连续几对间距不大的节点对峙时，河型呈藕节状顺直分汊。如岳阳河段有三对节点的对峙，纵向间距为 7～15 km，河道顺直，呈藕节状分汊。江心洲多为雏形，滩面低且滩体小，明显受对峙节点的控制。凸岸有一个和多个节点挑流，而凹岸土质疏松易冲时，弯顶则容易发展为鹅头形，有 3～4 个心滩或江心洲成横向或斜向排列。同时上下游节点间距较大时，分汊河道的横向展宽较大。节点的分布不但影响汊道平面外形，还影响着汊道的发展消长。进口节点的挑流作用在不同汊道间存在差异，节点附近的冲刷坑深度在一定程度上表征着节点挑流作用的强弱，深度越大，节点挑流作用越强。凹岸汊道弯顶（"鹅头"）位置距离节点的远近表征进入汊道水流的横向冲刷动力：弯顶离节点越远，表明冲刷动力越强，而水流的横向冲刷动力便来自进口节点的挑流作用。图 2.13 所示"鹅头"与节点的距离与节点附近冲刷坑最大深度的相关关系也说明了这一点：以节点附近冲刷坑最大深度的大小表征节点挑流作用的强弱，"鹅头"与节点的距离表征横向冲刷动力。虽然不同时间段内由于水流冲刷作用强弱有变化，各节点附近冲刷坑最大深度存在差异，但无论其绝对值如何变化，节点附近冲刷坑最大深度与各汊道"鹅头"距离存在着较好的正相关关系：节点附近冲刷坑最大深度越深，节点附近"鹅头"与节点的距离越大，即节点挑流作用越强，凹岸汊道弯顶发育会更为宽广[31]。

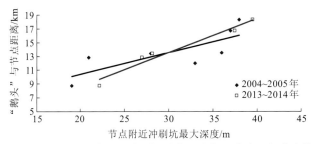

图 2.13 鹅头型汊道进口节点附近冲刷坑最大深度与"鹅头"与节点的距离关系

对于监利河段来说，河床基本是现代河流冲积物，主要由粉质黏土、砂黏土和细砂组成，河岸边界有一定差异，两岸土层分布不均匀，卵石层在床面以下埋藏较深。监利河段左岸为江汉平原，地势低洼，河岸组成为疏松沉积物，具有二元结构特征：上层较薄，为细颗粒粉质黏土和粉质壤土，主要是河漫滩相，洪水期岸坡稳定性较好；下层为粗颗粒细砂或中砂，主要是河床相，抗冲能力差。河段右岸进口有墨山丘陵阶地，为花岗岩组成且在塔市驿有基岩出露，形成控制河道右摆的节点，沿塔市驿而下至天字一号右岸为丘陵山脚和河漫滩谷地，基本上属黏性土层，中间夹有较薄的砂层，抗冲能力较强，岸坡稳定性较好。监利河段沿程不均匀的岸坡结构是能发育成鹅头型分汊河段汊道的主要原因：右岸进口的墨山丘陵阶地、塔市驿基岩及左岸出口的太和岭，形成了控制鹅头型汊道首尾的节点；左岸宽广的河漫滩为鹅头型分汊河段汊道的迁移发育提供了空间。1980年后大量岸线守护工程提高了河岸的抗冲能力，尤其是提高了左汊左岸的抗冲能力，限制了汊道迁移摆动的空间，这成为监利河段丧失部分鹅头型分汊河段汊道属性的关键因素。

自监利乌龟洲分汊河段形成近期平面外形以来，河势变化特征主要表现为分流区的深泓摆动、江心洲洲头低滩及洲体外缘的冲淤变化。近些年来的河（航）道整治工程对两岸与乌龟洲右缘的边界起到了很好的控制作用，对洲头心滩的守护，基本控制了汊道分流区的河床形态，这些工程的实施对稳定监利乌龟洲分汊河段左支右主的汊道格局起到了关键作用。

总体而言，中下游分汊河道的边界条件较自然条件有较大变化，主要是河道两岸的防护，部分分汊河道洲滩也得到了守护，改变了原有河道不同部位的抗冲能力，已由以往自然河岸条件下的纵横向剧烈演变转变为河道边界受控条件下的纵向变形为主的演变。

2.2.2　来水来沙条件

1. 三峡工程蓄水运用前后水沙条件变化特征

2003 年三峡水库蓄水运用以来，水库最高蓄水位经历了三次变化，分别为 2003 年的 135 m、2006 年的 155 m 和 2009 年之后的 175 m。以长江中游监利站为例，以 2003 年 135 m 和 2009 年 175 m 蓄水位作为时间节点，分别与三峡工程蓄水运用前的来水来沙及多年月平均流量做出比较并分析。

从图 2.14、图 2.15 可以看出，三峡工程蓄水运用前后多年月平均流量年内发生一定变化，主要表现为枯水期月平均流量增大、主汛期前增泄期月平均流量增大、主汛期及蓄水期月平均流量减小，三峡水库 175 m 蓄水位运行后更为明显，月平均水位年内变化

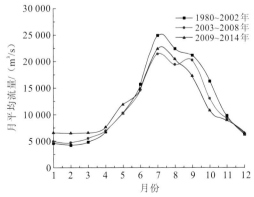

图 2.14　三峡工程蓄水运用前后监利站多年月平均流量年内变化

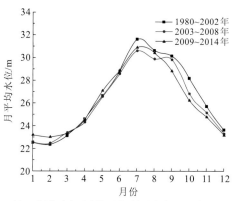

图 2.15　三峡工程蓄水运用前后监利站多年月平均水位年内变化

过程与流量年内变化过程类似。例如，2009 年蓄水位抬升至 175 m 后，枯水期的 1～3 月份因水库补水作用来流量明显大于蓄水前流量，约多 1 000 m³/s，枯水期涨落水速率变缓；至 7 月份，来流量达到峰值，其中 2003～2008 年略小，蓄水前来流量最大；7 月洪峰过后，来流量开始回落，与蓄水前相比，蓄水后退水速率较快，大大缩短了对分汊河道进口段浅滩的冲刷时间，不利于浅滩的冲刷。

图 2.16 反映了三峡工程蓄水运用前后多年月平均含沙量年内分布特征，不难发现，含沙量年内的分布总体趋势都是随着流量增大而增多，在达到峰值之后，随着流量的减小而减少，年内的主要输沙过程集中在 5～10 月。但是蓄水后的各月含沙量均比蓄水前减少，各个月份多年平均含沙量大幅减少主要发生在 5～10 月，其中减幅最大值发生在 7～9 月。

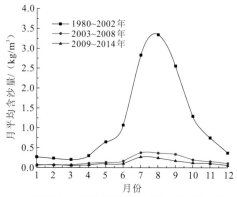

图 2.16　三峡工程蓄水运用前后监利站多年月平均含沙量年内变化

从图 2.17 可以看出，三峡工程蓄水运用前各流量级年内历时分布相对较为均匀，但中流量级历时仍然长于其他流量级。三峡工程蓄水运用后，5 000 m³/s 以下流量级年内历时大幅缩短，至 175 m 蓄水位运用后没有出现。而 5 000～20 000 m³/s 流量历时则在蓄水运用后大幅增长。平滩流量 20 000 m³/s 以上流量级历时则明显缩短。不难发现，三峡工程蓄水运用后，5 000 m³/s 以下流量级的枯水期与 20 000 m³/s 以上流量级的洪水期历时大幅缩短，而中枯水期流量级历时明显增长，这有利于监利河段中水流路河槽的形成与维持。

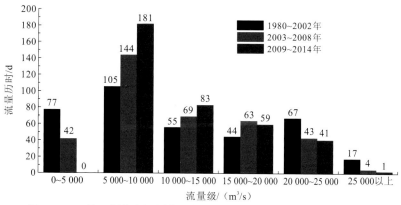

图 2.17　三峡工程蓄水运用前后监利站多年平均不同流量级年内历时变化

综合以上对比，可以看出三峡工程蓄水运用后监利河段来水来沙条件发生明显变化，且年内各流量级历时发生较大变化。与蓄水前相比总体表现为枯水期流量增大，涨落水速率减缓，汛期最大洪峰消减，退水历时缩短；5 000 m³/s 以下流量级的枯水期与 20 000 m³/s 以上流量级的洪水期历时缩短，中枯水历时大幅增长；来沙量大幅减少，尤其是汛期 5～10 月减幅更大。

2. 径流过程的影响

分汊河道由分流区、汊道段及汇流区三部分组成，其沿程断面形态变化较大，一般情况下，分流区沿程河宽逐渐增大，但平均水深逐渐减小，分汊河道分流区的平面形态变化使其对水流的控制作用相对较弱，为其主流摆动留有空间。然而，分流区如同分汊河道的"龙头"，其演变直接关系分汊河道总体河势变化、滩槽演变与分流分沙变化。因此，需要分析径流过程变化对分流区流速、流态的影响。

首先，利用分汊河道分流区典型断面流速分布的实测资料分析不同流量级条件下主流带的变化规律。图 2.18 为监利乌龟洲分汊河段分流区不同流量下的典型断面实测流速分布，由图可知，在枯水期（流量 $Q = 5\ 281\ \text{m}^3/\text{s}$），枯水河槽对水流的控制性强，主流偏右侧；在中水期（$Q = 16\ 322\ \text{m}^3/\text{s}$），河道边界条件控制作用有所减弱，水流的惯性作用增强，使主流逐渐左摆；当流量进一步加大时（$Q = 19\ 175\ \text{m}^3/\text{s}$），水流惯性与河道边界条件控制相比，其作用逐渐加大，使得水流主流带变宽并左偏，有利于支汊左汊的进流。图 2.19 为武汉天兴洲分汊河段分流区不同流量下的典型断面实测流速分布，由图可知，武汉天兴洲分汊河段分流区低水小流量时（$Q < 15\ 000\ \text{m}^3/\text{s}$）主流主要受河槽的控制，居右侧；随着流量的增加，水流的惯性作用逐渐增强，河道边界条件的控制作用逐渐减弱，主流向左偏移，如当流量在 20 000 m³/s 左右时，断面左右侧流速接近，主流带变宽；当流量进一步加大时，水流惯性与河道边界条件控制相比，其作用明显加大，如高水大流量时（$Q > 25\ 000\ \text{m}^3/\text{s}$），主流已摆至左侧，有利于支汊左汊的进流。

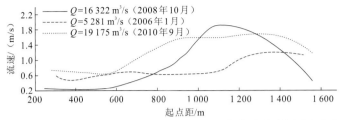

图 2.18　监利乌龟洲分汊河段分流区不同流量下的典型断面实测流速分布图

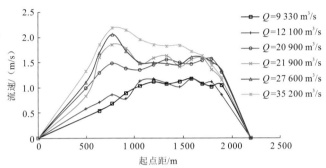

图 2.19　武汉天兴洲分汊河段分流区不同流量下的典型断面实测流速分布图

通过上述分汊河道分流区典型断面在不同流量级条件下流速分布的分析，可看出分汊河道分流区主流带及其摆动主要是水流运动的惯性作用与河道边界条件的约束作用共同决定的，大水时，水流的惯性作用大，水流趋直的趋势明显，河道边界条件的控制作用相对较弱；小水时，水流的惯性作用相对小，河道边界条件的控制作用大；中水时，介于上述两者之间。

三峡工程蓄水运用后，尤其是进入 175 m 蓄水位运用后，水库的调节对下游的径流过程带来一定的影响。表 2.7、表 2.8 统计了三峡工程蓄水运用前后不同流量级年均持续的时间，可以看出三峡工程蓄水运用后监利站流量级大于 30 000 m³/s 的年内历时明显缩短，由蓄水前的 20 d 缩短为蓄水后的 9 d；流量级为 15 000～30 000 m³/s 的年内历时也有所缩短，由蓄水前的 106 d 缩短为蓄水后的 89 d；而流量级小于 15 000 m³/s 的年内历时增长，由蓄水前的 239 d 增长为蓄水后的 267 d。三峡工程蓄水运用后汉口站流量级大于 20 000 m³/s 的年内历时缩短，由蓄水前的 181 d（1971～1979 年）和 178 d（1986～1998年）缩短为蓄水后的 146 d（2004～2011 年）；而流量级为 10 000～20 000 m³/s 的年内历时增长，由蓄水前的 79 d（1971～1979 年）和 120 d（1986～1998 年）增长为蓄水后的 157 d；流量级小于 10 000 m³/s 的年内历时缩短，由蓄水前的 105 d（1971～1979 年）和 67 d（1986～1998 年）缩短为蓄水后的 63 d（2004～2011 年）。

表 2.7　监利站特征流量级年均持续时间统计表　　　　　　　　（单位：d）

时段	流量级 /（m³/s）		
	> 30 000	15 000～30 000	< 15 000
1975～2002 年	20	106	239
2003～2010 年	9	89	267

表 2.8　汉口站特征流量级年均持续时间统计表　　　　　（单位：d）

时段	流量级/（m³/s）			
	＞35 000	20 000～350 000	10 000～20 000	＜10 000
1971～1979 年	59	122	79	105
1986～2002 年	61	117	120	67
2004～2011 年	42	104	157	63

　　三峡工程蓄水运用后，三峡水库下游河道高洪水流量级持续的时间缩短，最大洪峰流量也因三峡水库的拦蓄而明显削减。例如 2012 年 7 月 24 日，入库流量为 71 200 m³/s，下泄流量控制在 43 000 m³/s，削峰率高达 40%。另外，通过三峡水库中小洪水的调度对一般洪水过程而言也起到了削峰作用；中低水流量级的年均持续时间增长，枯水期最小流量因水库调度有所增加，进入 175 m 蓄水位运用后水库下泄的流量均大于 5 000 m³/s。上述径流过程的变化一方面有利于减小分汊河道分流区主流摆动幅度，另一方面则使中水附近的流量级年内历时增长，有利于形成与维持适应于中水流路的河槽。

3. 输沙过程的影响

　　三峡工程蓄水运用前，长江中下游干流河道输沙主要特点表现为：①主要水文站观测的年均含沙量沿程减小，如螺山站的年均含沙量约为宜昌站的 56.2%，年均输沙量螺山站及其以下变化不大（表 2.9）；②年内输沙过程主要集中在汛期 5～10 月，其输沙量超过 80%，其他月份输沙量不足 20%；③城陵矶以上干流河道的输沙能力强，城陵矶以下干流河道的输沙能力越往下游越弱，这是自然条件下长期的来水来沙过程与河道边界相互作用而形成的相互适应的河道形态。三峡工程蓄水运用后，下泄的泥沙量大幅减少，而且年内输沙过程也发生较大变化，主要表现为：①主要水文站观测的年均输沙量沿程增加，但含沙量在宜昌站至监利站是沿程增多，螺山站有所减少，螺山站以下含沙量有增多的趋势，但幅度较小；②年内输沙过程仍主要集中在汛期 5～10 月，但汛期输沙量占全年输沙量的比例有所下降，降幅不大；③水库拦蓄下泄的低含沙水流对城陵矶以上分汊河道的影响大于城陵矶以下分汊河道，而且越往下游受水库的影响相对越小。图 2.20 为三峡工程蓄水运用前后汉口站多年月平均含沙量变化，可看出三峡工程蓄水运用后汉口站各月平均含沙量较蓄水前均减少，各月平均含沙量大幅减少主要发生在汛期 5～10 月，其中减少幅度最大发生在 8 月，汛期月均含沙量减少量均超过 0.50 kg/m³，平均减少百分比为 80%。

表 2.9　长江中下游主要水文站径流量和输沙量与多年平均对比

	项目	宜昌站	枝城站	沙市站	监利站	螺山站	汉口站	大通站
径流量	2002 年前平均 /（10⁸m³）	4 369	4 450	3 942	3 576	6 460	7 111	9 052
	2003～2013 年 /（10⁸m³）	3 958	4 051	3 738	3 616	5 869	6 663	8 331
	变化率/%	-9.4	-9.0	-5.2	1.1	-9.1	-6.3	-8.0

	项目	宜昌站	枝城站	沙市站	监利站	螺山站	汉口站	大通站
输沙量	2002 年前平均 /（10^4t）	49 200	50 000	43 400	35 800	40 900	39 800	42 700
	2003~2013 年 /（10^4t）	4 655	5 606	6 665	8 113	9 489	11 207	14 245
	变化率 / %	-90.5	-88.8	-84.6	-77.3	-76.8	-71.8	-66.6
含沙量	2002 年前平均 /（kg/m^3）	1.126	1.124	1.101	1.001	0.633	0.560	0.472
	2003~2013 年 /（kg/m^3）	0.118	0.138	0.178	0.224	0.162	0.168	0.171
	变化率 / %	-89.5	-87.7	-83.8	-77.6	-74.4	-70.0	-63.8

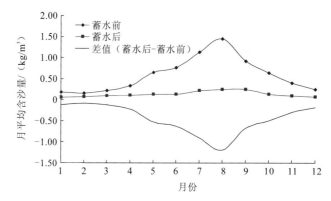

图 2.20　三峡工程蓄水运用前后汉口站多年月平均含沙量年内变化图

三峡工程蓄水运用后，其输沙过程的变化会影响下游分汊河道的冲淤幅度与强度，进而影响汊道分流比的变化。悬移质水流挟沙能力一般可用 $S_* = k\left(\dfrac{U^3}{gH\omega}\right)^{m_1}$ 表示，此处 U、H、ω 分别为断面平均流速、水深和泥沙沉降速度，g 为重力加速度，m_1 为水流挟沙力指数。引用一般河相关系式 $U \propto Q^{n_1}$、$H \propto Q^{n_2}$ 等（n_1 为流速指数，n_2 为水深指数），就可得出主汊饱和输沙率 Q_{msk} 与上游来流量 Q 的关系式[19]：

$$Q_{msk} = k\left(Q \times \eta_m\right)^{m_2} \tag{2.1}$$

式中：Q_{msk} 为主汊饱和输沙率；Q 为上游来流量；η_m 为主汊分流比；k 为水流挟沙能力系数；m_2 为主汊输沙率系数。以往很多学者用此式表达河道的输沙能力，以进行河床冲淤计算或借此分析河型。对于不同河型 m_2 值不一样，根据长江中下游螺山站、汉口站、大通站的资料分析，得出 m_2 值为 1.3 左右。

令主汊实际的来沙输沙率为

$$Q_{ms} = \alpha ck\left(Q \times \eta_m\right)^{m_2} = \alpha Q_s \xi_m \tag{2.2}$$

式中：c 为来沙系数（$c > 1$ 为来沙量偏大，河道总体淤积；$c < 1$ 为来沙量偏小，河道总体冲刷；$c = 1$ 为来沙量处于平衡状态，河道不冲不淤）；α 为冲淤恢复系数（$\alpha > 1$ 为来沙量偏小，沿程总体冲刷；$\alpha = 1$ 为来沙量处于平衡状态，沿程不冲不淤；$\alpha < 1$ 为来沙量偏多，沿程总体淤积）；Q_s 为总输沙率；ξ_m 为主汊分沙比。假设上游单一段来水来沙不变，并令主汊分流比变化量为 η'，分沙比变化量为 ξ'，正值为主汊分流比和分沙比增加，反之则为减小。当主汊分沙比变化时，其进入主汊的实际输沙率为

$$Q_{ms1} = \alpha Q_s \left(\xi_m + \xi' \right) = \alpha ck \left(Q \times \eta_m \right)^{m_2} \frac{\xi_m + \xi'}{\xi_m} \tag{2.3}$$

其输沙能力相应变为

$$Q_{msk1} = k \left[Q \times \left(\eta_m + \eta' \right) \right]^{m_2} = Q_{ms1} \frac{1}{c} \left(\frac{\xi_m}{\xi' + \xi_m} \right) \left(1 + \frac{\eta'}{\eta_m} \right)^{m_2} \tag{2.4}$$

假设开始时主汊的输沙处于平衡状态，即 $c = 1$，$\eta' = 0$，$\xi' = 0$。当分流分沙变化后，其主汊的冲淤情况可用进入主汊的输沙率与其输沙能力的差值来表示，当差值为负时，表明该汊是冲刷的；当差值为正时，表明该汊是淤积的；当差值为 0 时，表明该汊处于不冲不淤状态。

$$\Delta Q_{ms1} = Q_{ms1} \left[1 - \frac{1}{\alpha c} \left(\frac{\xi_m}{\xi' + \xi_m} \right) \left(1 + \frac{\eta'}{\eta_m} \right)^{m_2} \right] \tag{2.5}$$

令 $\varphi = \dfrac{\Delta Q_{ms1}}{Q_{ms1}}$，可得

$$\varphi = \left[1 - \frac{1}{\alpha c} \left(\frac{\xi_m}{\xi' + \xi_m} \right) \left(1 + \frac{\eta'}{\eta_m} \right)^{m_2} \right] \tag{2.6}$$

式中：φ 为冲淤比（$\varphi > 0$ 表示淤积比，$\varphi < 0$ 表示冲刷比，$\varphi = 0$ 表示不冲不淤）；η_m、ξ_m、η'、ξ' 分别为主汊分流比、分沙比及分流比、分沙比变化量；αc 为反映来沙与沿程冲淤变化的综合系数。

式（2.6）是按某汊推导出来的，它对分汊河段各汊均适用。由式（2.6）可知，分汊河段的演变非常复杂，主要包括上游来水来沙、分流分沙变化及分汊河段地形地貌等因素。在分汊河段各汊的分流分沙的变化量为 0 的条件下，当分汊河段进口来沙系数 $c = 1$ 时，分汊河段处于相对稳定状态；当分汊河段进口来沙系数 $c > 1$ 时，分汊河段普遍发生淤积；当分汊河段进口来沙系数 $c < 1$ 时，分汊河段普遍发生冲刷。在其他条件不变的情况下，当主汊分流比增加时，则会发生冲刷，反之则淤积，并且起始主汊分流比 η_m 越小，分流比变化对分汊河段冲淤影响越大。在其他条件不变的情况下，主汊分沙比增大或来沙量增多时，也会出现淤积，反之则冲刷。

为了深入分析来沙条件变化及分流分沙变化对分汊河段冲淤的影响，考虑在来沙量变化（$\alpha c = 1.25 \sim 0.85$）条件下，共计算了 η'、ξ' 分别为 0、0，0、0.03，0、−0.03，0.03、0，0.03、−0.03，0.03、0.03 的 6 种情况。图 2.21 为某汊在不同分流分沙条件下来沙条件变化对分汊河段冲淤变化的影响，计算结果表明：①在分流分沙不变条件下，来沙条件变化对该汊道冲淤比的影响表现为不论分流比和分沙比大小，来沙条件变化对其影响是

一致的，即来沙量偏多会导致该汊道淤积，来沙量偏少时则导致冲刷[图2.21（a）]；②当分流比不变、分沙比增大时，来沙条件变化对该汊道冲淤比的影响表现为分流比愈大受分沙比增大所带来淤积加重的影响愈小[图2.21（b）]；③当分流比不变、分沙比减小时，来沙条件变化对该汊道冲淤比的影响表现为分流比愈大受分沙比减小所带来冲刷加重的影响愈小[图2.21（c）]；④当分流比增加、分沙比不变时，来沙条件变化对该汊道冲淤比的影响表现为分流比愈大受分流比增加所带来冲刷加重的影响愈小[图2.21（d）]；⑤当分流比增加、分沙比减小时，来沙条件变化对该汊道冲淤比的影响表现为分流比愈大受分流比和分沙比变化所带来冲刷加重的影响愈小[图2.21（e）]；⑥当分流比增加、分沙比增加时，来沙条件变化对该汊道冲淤比的影响表现为分流比愈大受分流比和分沙比变化所带来冲刷加重的影响愈小[图2.21（f）]。总体而言，来沙条件变化对汊道冲淤影响表现为来沙量偏多会导致淤积，反之会冲刷；分流比增加有利于该汊道的冲刷，反之有利于该汊道的淤积；分沙比增加时有利于汊道淤积，反之有利于冲刷；当分流比、分沙比均发生变化时，其对汊道冲淤影响要视具体情况而定。

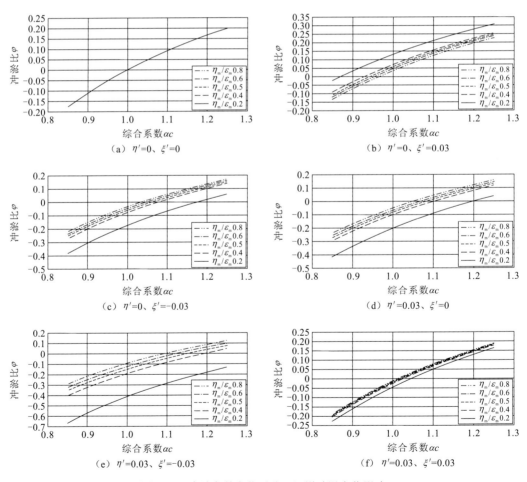

图 2.21　来沙条件变化对分汊河道冲淤变化影响

2.3 弯曲分汊河道演变模式探讨

2.3.1 自然条件

从监利河段主泓演变过程来看（表 2.10），监利河段乌龟洲主支汊易位的演变呈现一定的周期性。

表 2.10 监利河段主泓演变过程

主泓位置	演变周期/年	历时/a
左汊	1912~1931	19
右汊	1931~1945	14
左汊	1945~1971	26
右汊	1971~1975	4
左汊	1975~1995	20
右汊	1995~至今	25

历史上监利河段的自然演变和人类开发利用使监利河段的演变始终贯穿着江心洲的形成、并岸、并洲等过程，但在这些过程中江心洲均处于不稳定状态。近百年来，该河段演变经历了弯曲型分汊—鹅头型分汊—弯曲型分汊的过程（图 2.22）。

从监利河段历史演变中可以看出，在 1980 年以前，该河段基本遵循鹅头型分汊河道的演变规律，即表现为由开始时主泓位于右侧并随江心洲或左岸的不断崩退的持续左移，右侧因弯道水流或回缓流作用而淤长，随着主汊弯曲度逐渐增大与水流动力作用的逐渐减弱等因素的影响，主汊发展受到制约甚至其主汊地位随着右边滩切割形成的新生汊的发展而逐渐下降，在经过一定的水文年后会出现主支汊交替。此阶段，监利河段的主支汊交替模式为明显的鹅头型汊道式的"主支汊的移位"交替：在主支汊交替过程中，汊道不仅有平面位置的移动、平面形态的调整，还伴随着江心洲的剧烈冲淤变形，在汊道弯曲发展的过程中，凹岸江心洲会被冲刷殆尽，取而代之的是凸岸新淤积的江心洲，汊道和江心洲都表现为明显"推陈出新"的过程。

监利河段在近百年来的演变过程中，经历了两种不同的主支汊演变模式，分别为"主支汊的移位"交替及"原地易位"交替。前者主支汊交替主要通过汊道平面位置的移动而实现，其间汊道"扫荡"过的地方伴随着剧烈的江心洲冲蚀。同时在新汊的弯曲发展过程中，主支汊由凸岸侧移至凹岸侧以"渐进式"演变为主，凹岸原有洲体几乎被冲刷殆尽，凸岸洲滩随之淤长，遇到合适的水文过程，冲开凸岸边滩形成新的江心洲，位于左侧的主汊会随着新右汊的冲刷发展而逐渐萎缩，最终实现主支汊易位，这个演变过程相对较快，以"突变式"演变为主。虽然此时的江心洲与前一时期的洲体平面位置、滩体大小并无较大差异，但实际上这是新一轮周期中经过凸岸边滩淤积切割形成的全新的江心洲。后者的主支汊易位是在汊道平面位置较少移动的情况下，通过调整分流区地形、左右汊地形及江心洲外缘局部冲淤而实现主支汊交替的。

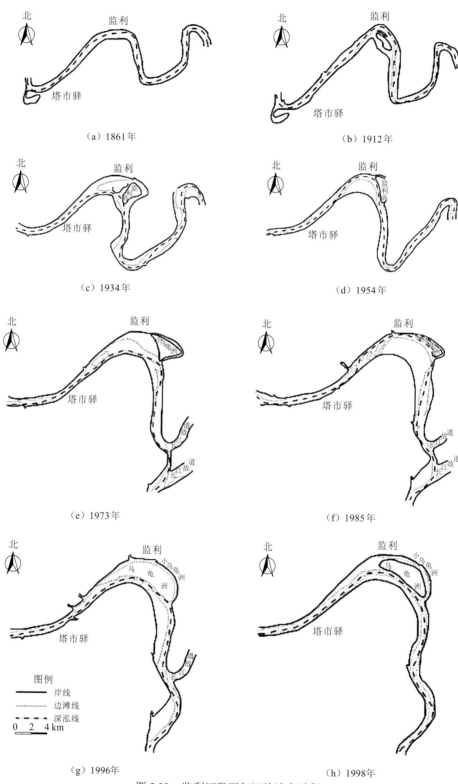

图 2.22　监利河段百年河势演变过程

2.3.2　人类活动影响

根据 2.1 节中不同弯曲度、不同来水来沙条件、不同河道边界条件分汊河道演变特性的分析，可以看出其演变过程及规律既有共性特征，也有个体差异。自然条件下，分汊河道演变的洲滩与河槽演变、分流分沙变化、主支汊冲淤变化及易位等相对较为剧烈，而在来沙量减少、河道边界条件受控条件下，分汊河道的洲滩与河槽演变、分流分沙变化、主支汊冲淤变化及易位等相对较为缓慢。

关洲分汊河段在自然条件下因河床组成主要为砂卵石，抗冲性相对较强，多年来主支汊在年内交替变化，高水期主流位于左汊、中低水期位于右汊的格局一直未变。三峡工程蓄水运用以来，来沙量大幅减少，左汊河床组成因相对较细容易受冲刷发展，右汊因主要为卵石河床、抗冲性强，受冲有限，这样主支汊易位的临界流量有所减小，但年内主支汊交替变化的格局仍未变。这种类型的分汊河道会随着河床组成冲刷粗化而逐渐趋向适应于新的水沙条件下的相对平衡。

乌龟洲分汊河段的弯曲度较大，河床组成为砂质河床，抗冲性弱。自然条件下，该河段年均输沙量巨大，洲滩与河槽演变剧烈，主支汊周期性交替，而且左汊为主汊的时间长。三峡工程蓄水运用后，来沙量大幅减少，加之河势控制工程与航道整治工程的逐步实施，河道岸边界与乌龟洲右缘边界抗冲性增强，该河段总体呈现冲刷趋势，主支汊地位较为稳定，其演变过程、演变幅度趋缓。

1980 年代后，在大量岸线守护工程的控制下（图 2.23），监利河段基本维持了适度弯曲的平面形态，遵循两汊交替发展的一般规律：1968 年之前乌龟洲基本与右岸相连，

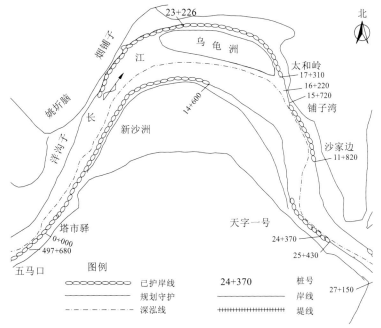

图 2.23　监利河道河势控制工程示意图

左汉为主汉；之后右汉乌龟夹被冲开并逐渐发展，乌龟洲右缘逐渐崩退，左缘淤长逐渐靠岸，至 1974 年右汉发展成为主汉；此后乌龟洲在右汉向左发展过程中逐渐崩退，深泓在滩槽演变中不断左移，右岸边滩也随着淤长，至 1980 年新左汉成为主汉的格局形成，左汉发展而为主汉道；20 世纪 80 年代末，右岸边滩遭受水流切割，形成新的右汉与江心洲，继而右汉不断冲刷发展并逐步发展成为主汉（图 2.24）。

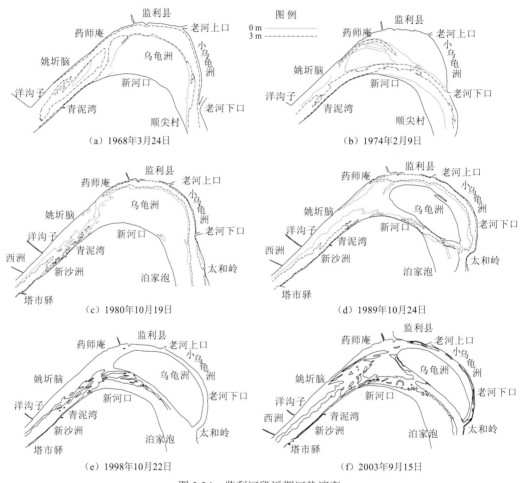

图 2.24　监利河段近期河势演变

武汉天兴洲分汊河段的弯曲度较小，为顺直微弯型分汊河道，河床组成为砂质河床，抗冲能力弱。该河段年均径流量与输沙量均比监利乌龟洲分汊河段大，自然条件下该河段的洲滩与河槽演变也较为剧烈。自 20 世纪 30～70 年代，完成了主支汊交替变化，主汉移至天兴洲右汉，自此以后，主汉一直稳定在右汉。三峡工程蓄水运用后，来沙大幅减少，加之武汉河段的综合整治工程的实施，两岸边界与天兴洲洲头及右缘边界得到了较好的防护，该河段总体呈现冲刷趋势，其演变过程、演变幅度趋缓，河势趋于稳定，主支汊地位稳固。

2.4　本　章　小　结

本章以关洲分汊河段、监利乌龟洲分汊河段、陆溪口分汊河段及武汉天兴洲分汊河段为例，分析了不同河床组成、不同弯曲度的分汊河道的演变特征，揭示了典型弯曲分汊河道演变的主要影响因素，探讨了不同类型分汊河道的演变模式，主要结论如下。

（1）弯曲分汊河道演变过程充分体现了来水来沙条件与河道边界条件共同作用的结果。自然条件下巨大的来沙量为分汊河道的边滩、心滩或江心洲的淤长提供了良好的条件，不同时间段来流大小及主流流路的差异为河岸、边滩与心滩、江心洲、河槽等演变提供了持续的动力条件。弯曲分汊河道分流区浅滩总体呈现"洪淤枯冲"的变化规律，其对水流的控制作用较弱，在大水大沙条件下，浅滩淤积，深槽冲刷，其中分流区中部位置易于淤积；当来沙量大幅减少，并且大水历时缩短，中枯水历时增长时，中部淤积程度减缓，分流区的演变方向直接影响着汊道段和汇流区的变化趋势。

（2）三峡工程蓄水运用后引起径流过程的变化一方面有利于减小分汊河道分流区主流摆动幅度，另一方面则使中水附近的流量级历时增长，有利于形成与维持适应于中水流路的河槽；三峡工程蓄水运用后引起的输沙过程变化会影响下游分汊河道的冲淤幅度与强度，进而影响汊道分流比的变化。三峡工程蓄水运用后所带来的影响总体表现为主支汊分流比和分沙比差别越大，受其影响越大：弯曲度较大的分汊河道主支汊发展会出现趋势性变化，主汊冲刷发展明显强于支汊而使其相对地位越来越悬殊；弯曲度较小的分汊河道主支汊的共同冲刷发展会使主支汊地位能较长时期维持，但在来沙量大幅减少条件下，短支汊发展处于优势地位；对于顺直微弯型分汊河道而言，来沙量减少有利于长期维持其主支汊地位。

（3）弯曲分汊河道的主支汊交替呈现两种不同的模式。一种是"主支汊移位"交替，在主支汊交替过程中，汊道不仅有平面位置的移动、平面形态的调整，还伴随着江心洲明显"推陈出新"的过程，自然条件下的监利河段即为此类型；另一种是"原地易位"的交替，在交替过程中汊道的平面位置较为稳定，江心洲冲淤主要集中在洲体头尾或者边缘部位，不会发生江心洲的整体冲蚀或者再生，河势控制工程实施后的监利河段及武汉天兴洲分汊河段主支汊易位属此类型。

第3章

弯曲分汊河道水沙运动特性

　　本章以武汉天兴洲微弯型分汊河段、监利乌龟洲弯曲型分汊河段为例，分别采用平面二维水沙数学模型、三维水沙数学模型计算和概化模型试验的研究手段，对顺直微弯型、弯曲型分汊河道的水沙运动特性分别进行研究。

3.1　顺直微弯型分汊河道水沙运动特性

3.1.1　平面二维水沙数学模型计算条件

采用验证后的平面二维水沙数学模型计算分析微弯型分汊河道的水沙运动特性与挟沙因子分布规律[32]。为了分析顺直微弯型分汊河道分流区的水沙运动特性，需在不同水位流量情况下计算分析其水流泥沙运动特性，为此，本次研究选择枯水期、中水期、洪水期三级流量（$10\,000\,\mathrm{m^3/s}$，$25\,000\,\mathrm{m^3/s}$，$55\,000\,\mathrm{m^3/s}$）分别计算了水位、流速及挟沙因子在平面上的分布，计算条件见表 3.1。

表 3.1　武汉天兴洲河段平面二维水沙数学模型计算条件表

进口流量 /$(\mathrm{m^3/s})$	10 000	25 000	55 000
出口水位 /m	13.28	18.76	24.53

3.1.2　水流运动特性

图 3.1 为不同流量级下的水位在分流区内的等值线分布图，由图可以看出，枯水期，分流区的横比降相对较小；中洪水期，分流区的横比降明显增大。不同流量级条件下，分流区主汊侧水位均高于支汊侧，且随着流量的增大，其横断面的水位差值增大，横比降也相应增大，特别是位于洲头附近的分流区，横比降增大明显；同时，分流区的主汊侧和支汊侧的水深都沿程减小，且主汊侧的纵比降大于支汊侧。分流区内接近洲头的区域，由于局部地形的影响，水位略有抬升，在支汊进口处，存在拦门沙坎，流量越小，水位越低，更为明显。

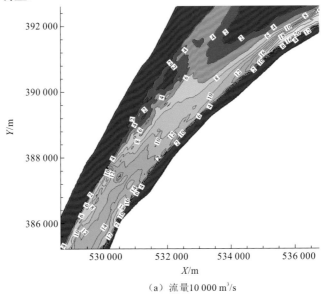

（a）流量 $10\,000\,\mathrm{m^3/s}$

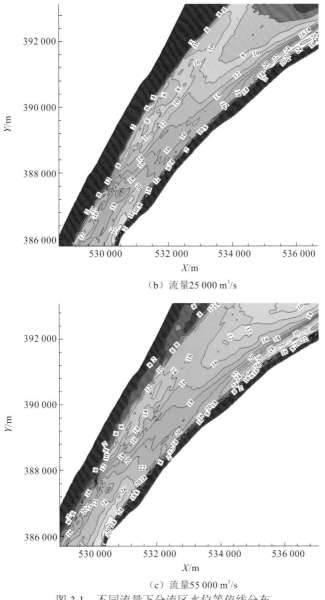

（b）流量25 000 m³/s

（c）流量55 000 m³/s

图 3.1 不同流量下分流区水位等值线分布

图 3.2 为不同流量级下的垂线平均流速分布，由图可以看出，枯水期，分流区两侧的流速差值较大，主汊侧的流速高于支汊侧，横向分布不均匀，水动力轴线靠右侧，分流区流速沿程减小，特别是接近洲头的流速达到最小，汊道区主汊洲头右缘流速较小，主流线居中，洲尾附近流速增大，汇流区的大流速区靠近左岸，即水动力轴线沿左岸下行；中水期，分流区的两侧流速差值较小，流速横向分布较均匀，水动力轴线居中，分流区流速减小，汊道区的主汊侧主流线贴右岸，而后沿洲尾与左汊主流线汇合，洲尾附近流速最大，汇流区的水动力轴线居中，横向流速分布较均匀；洪水期，分流区的上段流速较大，横向分布较均匀，主流线居中，中下段流速减小，主汊侧流速略大，主流偏

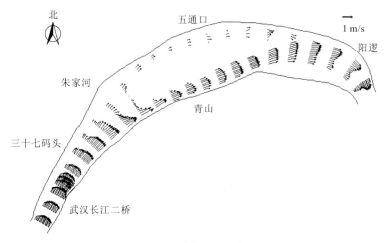

（a）流量10 000 m³/s

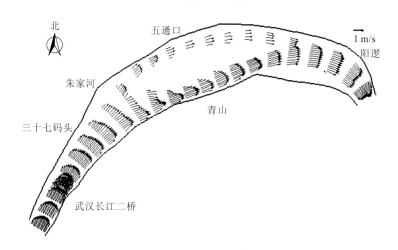

（b）流量25 000 m³/s

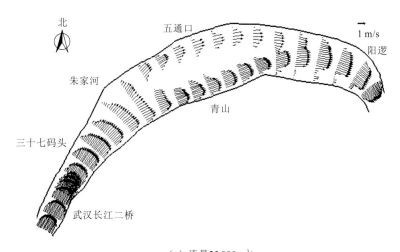

（c）流量55 000 m³/s

图 3.2　不同流量级下的垂线平均流速分布

右侧，汊道区的主汊道主流贴近洲尾右缘，与左汊主流汇合后流速达到最大，主流线右摆下行。流速的整体表现为随着流量的增大，其相应位置的流速增大；随着分流区宽度的增加及洲头阻水作用，断面的平均流速在不同流量下均表现为减小的趋势；分流区的水动力轴线的分流点在洪水期下移，在枯水期上提。

图 3.3 为不同流量级下分流区主流线（又称水流动力轴线）在平面上的摆动，由图可以看出，分流区的主流线在小流量级情况下居主流侧，随着流量的增加，主流线开始左摆，至大流量时，主流线居中下行。

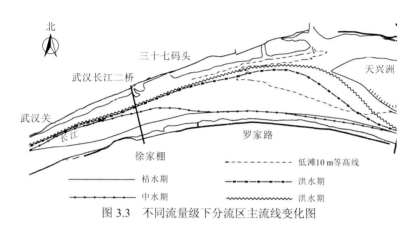

图 3.3　不同流量级下分流区主流线变化图

分汊河道的主流流速分布和分汊河道横断面的过水面积有关系，在分流区和汇流区，过水面积较小，主流流速较大；而在汊道段内过水面积较大，主流流速相对较小。在分流区，由于江心洲的影响，江心洲上游附近区域流速较两侧流速小，主流的流线受到边岸和沙洲的控制向两汊方向自然弯曲过渡。由于主流线的弯曲，可能会导致二次环流的产生，分汊段主流的分布和弯道水流类似；在汇流区，由于汊道汇合，过流面积减小，纵向流速加大。在分流区的横断面上，主流流速通常出现两个流速的极大值区域，即分流区内存在两股水流动力轴线，水流动力轴线的分流点存在水下浅滩或沙洲，分流点的上提下移与流量的大小及洲头的伸长或退缩等因素有密切关系，洪水期分流点下移，枯水期分流点上提。与此相应，在汇流区，各股水流动力轴线在汇流区的汇流点位置也会影响汇流点上游的浅滩或沙洲尾段的延伸或退缩。

3.1.3　泥沙运动特性

图 3.4、图 3.5 分别为不同流量级下分流区和汇流区的含沙量等值线分布图，由图可以看出，枯水期，分流区上段的含沙量较少，横向分布均匀，中下段的主汊区含沙量增多，特别是接近洲头附近的分流区的含沙量最多，达到 $0.1\,\mathrm{kg/cm^3}$；中水期，分流区整体含沙量分布较均匀，分流区上段中部的含沙量略多于两侧，下段含沙量分布较均匀，主汊侧含沙量略大；洪水期，含沙量在分流区的上段最多，达到 $1\,\mathrm{kg/cm^3}$，横向分布均匀，分流区的下段含沙量略减少，支汊侧减少幅度较大，横向分布不均匀。汇流区含沙

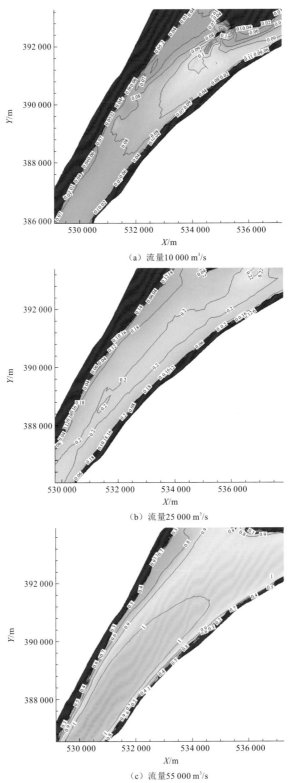

（a）流量10 000 m³/s

（b）流量25 000 m³/s

（c）流量55 000 m³/s

图 3.4　不同流量级下分流区含沙量等值线分布

量分布表现为洪水期洲尾区域的含沙量较中枯水期多，洲尾淤积程度随着流量的增加而增加；从总体上看，分流区和汇流区洪水期的含沙量多于中枯水期，即随着流量的增加，相应位置的含沙量增多（图 3.5）。

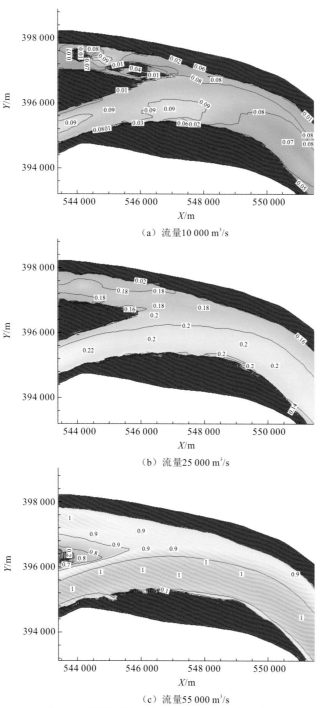

（a）流量 10 000 m³/s

（b）流量 25 000 m³/s

（c）流量 55 000 m³/s

图 3.5　不同流量级下汇流区含沙量等值线分布

在一般情况下，分析河道的冲刷、淤积或平衡的问题，都要以明确水流挟沙能力作为前提，挟沙能力的变化直接关系分汊河道沿程的冲淤变化，当实际的含沙量超过了水流挟沙能力相应的含沙量，就会发生淤积；当实际含沙量低于饱和含沙量的时候，就有可能发生冲刷。根据计算分析，不同流量级下挟沙能力的沿程分布见图 3.6。分流区内，随着进口来沙量的减少，挟沙能力沿程变化幅度减弱，洪水期，水流挟沙能力沿程减弱，至洲头附近减弱到最小，中枯水期，水流挟沙能力沿程增强；汊道段内，水流挟沙能力起伏变化，主要与断面形态和流量有关，流量越大，起伏越明显，小流量时，其水流挟沙能力先减弱后增强，说明在洲尾附近可能会发生冲刷；汇流区内，洪水期，水流挟沙能力沿程增强，中水期，水流挟沙能力沿程变化不大，枯水期，水流挟沙能力沿程减弱。

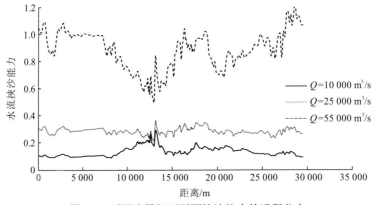

图 3.6　不同流量级下断面挟沙能力的沿程分布

分汊河道上泥沙的输运和流速的分布有密切关系。自江心洲头部区域水流流速逐渐减小，泥沙可能在头部落淤，由分流区的流速流态分布可知，洲头附近的流速的横向流速分量指向两岸，在该横向流速分量的作用下，泥沙有向江心洲两侧运动的趋势；在洲尾区域，二次流的侧向输运使得江心洲尾部区域产生一定程度的淤积并有向下游延伸的趋势，大流量情况下更明显，但是汇流区河岸的抗冲性较强使得沙洲两侧的河岸不易展宽，因此沙洲向下游发展将会受到较大的限制。

根据平面二维水沙数学模型计算的结果可反映水位、流速、含沙量在平面上的分布情况，由此可以看出分流区、汊道区及汇流区各水力要素的变化是存在差异的，且在不同流量情况下，汊道内的水力要素的变化也存在差异，较采用断面平均水力要素进行分析，则更进一步加深了对汊道水沙运动特性的认识。

3.2　弯曲型分汊河道水沙运动特性

3.2.1　概化模型试验简介

以荆江监利乌龟洲分汊河段为例进行概化，模型长约 38 m，进口段宽约 4.4 m，模型沿程宽度为 3.6～11.0 m，乌龟洲将汊道分为左、右两汊，其中右汊为主汊。模型布置见图 3.7。模型平面比尺为 $\lambda_L = 500$，垂直比尺 $\lambda_h = 100$，变率 $\eta = 5.0$。

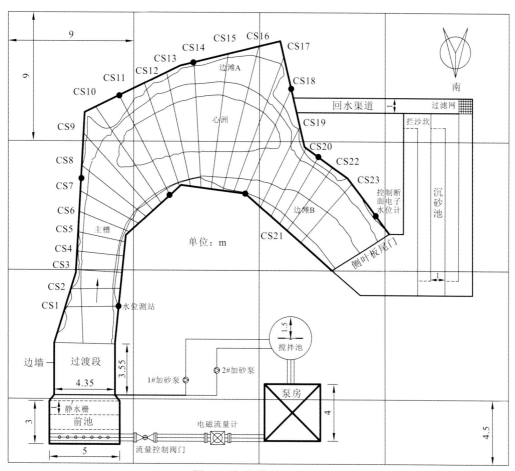

图 3.7　概化模型平面布置

为了研究弯曲分汊河段的水沙运动特性，试验观测内容包括水位、流速、含沙量及地形等。其观测断面布置见表 3.2[4]。

表 3.2　试验观测断面布置

断面布置	位置	断面数	断面号	备注
流速测量断面	进口	1	CS1	声学多普勒流速仪（acoustic doppler velocimetry，ADV），旋桨流速仪
	分流	7	CS3、CS4、CS5、CS6、CS7、CS8、CS9	
	汊道	7	CS10、CS11、CS12、CS13、CS14、CS16、CS18	
	汇流	4	CS19、CS20、CS21、CS22	
	出口	1	CS23	

续表

断面布置	位置	断面数	断面号	备注
含沙量 测量断面	分流	3	CS4、CS6、CS8	其中取 CS6、CS13、CS20 0.6 H 水深处 的沙样进行颗分
	汊道	3	CS11、CS13、CS18	
	汇流	1	CS20	
表面流场	试验段		CS1～CS23	采用流场实时测量系统（flow field real-time measurement system， VDMS）观测试验段的表面流场
横比降 测量断面	分流	2	CS4、CS7	
	汊道	2	CS11、CS16	
	汇流	1	CS21	
地形 测量断面	进口	1	CS1	三维地形仪测量，其中实时监测断面为 CS6、CS8、CS10、CS13、CS18、CS20 共 6 个断面
	分流	8	CS2、CS3、CS4、CS5、 CS6、CS7、CS8、CS9	
	汊道	9	CS10、CS11、CS12、CS13、CS14、 CS15、CS16、CS17、CS18	
	汇流	4	CS19、CS20、CS21、CS22	
	出口	1	CS23	

注：流速、含沙量测量断面测量垂线布置，垂线间距 0.2m，垂线相邻测点距 0.1H（H 为各测线水深），对分流区及洲头部分加密测量，鉴于三维 ADV 水面表层 5cm 难以测量，采用二维 ADV 进行补测；地形测量断面测量垂线布置垂线间距 0.1m

　　根据监利站实测的悬移质泥沙和床沙级配资料分析，本次试验分别选取原型沙的悬沙、床沙中值粒径分别为 0.081mm、0.180mm 进行模拟，根据泥沙运动相似理论[4]，选择复合塑料沙为模型沙，密度为 1.38 t/m³，悬沙、床沙粒径比尺为 0.9，由此可得出模型沙的悬沙及床沙中值粒径分别为 0.09mm、0.20mm。模型选沙级配见图 3.8。

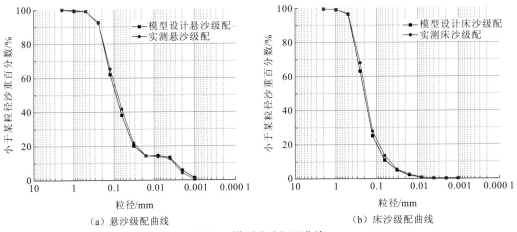

（a）悬沙级配曲线　　　　　　　　　（b）床沙级配曲线

图 3.8　模型选沙级配曲线

3.2.2　水流运动特性

1. 试验方案

水流运动特性试验是在监利分汊河段 1998 年 1:10 000 实测地形概化制模与模型功能检验的基础上进行的。考虑枯水期、中水期、平滩期及洪水期不同流量级条件下的水流运动特性，本次选择了 4 组流量级进行试验，试验工况见表 3.3。

表 3.3　水流运动特性试验工况

工况	流量 Q/(L/s)	水深 H/cm	流速 U/(cm/s)
Aq（枯水）	17	25.70	11.2
Bq（中水）	28	28.64	13.6
Cq（平滩）	40	30.84	15.4
Dq（洪水）	70	34.64	17.0

2. 水面比降分布特性

分汊河道的水面比降分布与其平面形态、断面变化等因素有关，水面比降既是塑造分汊河道平面与断面形态的主要动力因素，也是河道平面与断面形态反作用于来水来沙的结果，两者之间通过泥沙运动的纽带相互影响、相互制约、相互适应。分汊河道水面比降包括纵比降与横比降，沿程分布规律存在一定的差异。

1）水面纵比降

图 3.9 给出了 4 组流量级条件下的分汊河道沿程纵向水位的变化特点，图中沿程 5 段的水面线分别对应进口单一段、分流区、汊道段、汇流区、出口单一段。4 组流量级条件下的纵向水面线变化表明：分汊河道的水面比降总体随着流量增大而增大，但是各分段水面比降变化有差异。随着流量的增大，汊道段、分流区与进口单一段的水面比降也随之增大，但在汇流区及出口单一段的水面比降随之减小或变化不大。另外，由图可以看出，随着流量增大和水位抬升，沿程水面线起伏加大，说明江心洲对纵向水面线的影响随着流量增大而加大，反之亦然，这是分汊河道纵向水面线变化的显著特征。

从图 3.10 和表 3.4 可以看出，在枯水、中水、平滩及洪水 4 组流量级条件下，分汊河道各分段的水面比降变化存在差异，进口段的单一河道随流量变化水面纵比降呈现"洪大枯小"的变化特性，分流区由于受到洲头顶托与河道展宽的影响，水力半径减小，水面纵比降有所减小，但依然呈现"洪大枯小"的变化特性；汊道段水面纵比降也随流量增大而增大，而且在整个河段中为最大值；进入汇流区后，由于下游河道突然缩窄及水流交汇产生壅水，水面纵比降减小，这种趋势随着流量的增大而愈加明显，呈现"洪小枯大"的变化特性。

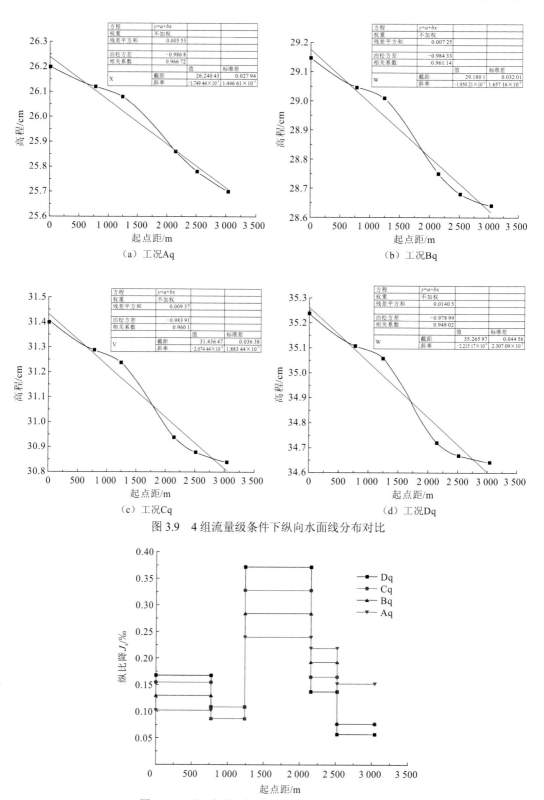

图 3.9　4 组流量级条件下纵向水面线分布对比

图 3.10　不同流量级条件下各分段水面纵比降对比

表 3.4　不同流量级条件下各分段水面纵比降

区间	纵比降 J_a/‰			
	工况 Dq	工况 Cq	工况 Bq	工况 Aq
5～18#	0.168	0.155	0.129	0.103
18～25#	0.108	0.108	0.086	0.086
25～39#	0.371	0.328	0.284	0.240
39～46#	0.138	0.165	0.193	0.220
46～55#	0.057	0.076	0.076	0.153
监利分汊河段	0.222	0.188	0.185	0.175

2）水面横比降

图 3.11 表明，水流自 CS3 断面进入分流区后，在重力和离心力的共同作用下，形成横向环流。总体而言，分流区、汊道段、汇流区的横向水面线都呈凹高凸低的上凸曲线，即凹岸水位多形成上凸曲线，凸岸水位多形成下凹曲线，整个断面横向水面线呈现近似"～"形，基本符合弯曲河道横向水面线的分布规律。

对比 CS3、CS6、CS10、CS14、CS18 断面不同流量级条件下的横向水面线变化，可以看出，随着进口流量与沿程断面单宽流量的增大，水体离心力作用也随之有所增强，这样弯曲段凹高凸低的上凸曲线也更加明显。根据沿程不同断面的横向水面线分布的对比分析，可看出，相同流量级条件下，随着弯道曲率半径的减小，断面横向水面线扭度增加，"扭点"逐渐向凹岸偏移，水位总体依然保持凹岸高和凸岸低的分布规律，且水位差距增大，随着接近弯顶，这种差距达到最大值，然后随着弯道曲率半径增加，沿程断面的横向水面比降逐渐趋缓。

对比汊道段 CS10 和 CS14 断面横向水面线分布，可看出，尽管两汊都呈现"凹高凸低"的横向水面线分布规律，但是左、右两汊各自变化幅度并不相同，左汊水位总体高于右汊，但左汊"凹高凸低"的幅度小于右汊，这可能与左汊作为支汊分流量较少、流速较小有关。

图 3.12、表 3.5 给出不同流量级条件下的沿程断面横比降变化特性，可以看出，横比降沿弯曲分汊河道变化近似呈现"正态分布"曲线，即在进口段水流入弯后横比降沿程增大，至汊道弯顶横比降达到最大值，过弯顶后横比降逐渐减小；在相同弯曲半径、不同流量级条件下，流量越大，水面横比降越大，且随着进口流量的增加，弯道顶部断面水面横比降与上下游的断面横比降差距越大。相同流量级条件下，随着弯曲半径的增大，这种差距会逐渐减小。

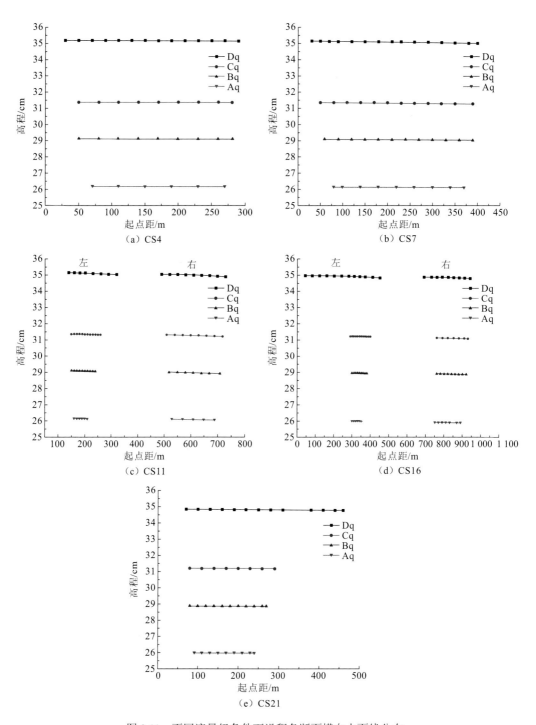

图 3.11　不同流量级条件下沿程各断面横向水面线分布

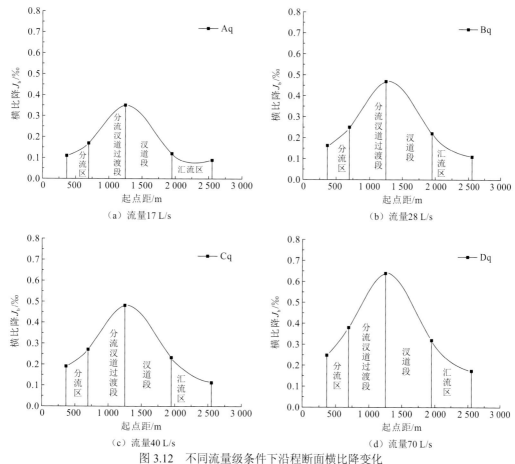

（a）流量17 L/s　　　　　　（b）流量28 L/s

（c）流量40 L/s　　　　　　（d）流量70 L/s

图 3.12　不同流量级条件下沿程断面横比降变化

表 3.5　不同流量级条件下沿程断面横比降

断面	横比降 J_b/‰			
	工况 Dq	工况 Cq	工况 Bq	工况 Aq
CS3	0.25	0.19	0.16	0.11
CS6	0.38	0.27	0.25	0.17
CS10	0.64	0.48	0.47	0.35
CS14	0.32	0.23	0.22	0.12
CS18	0.17	0.11	0.11	0.09

3. 流速分布特性

1）表面流场分布特征

本次试验过程中，采用移动式 VDMS 观测试验段的表面流场，观测结果见图 3.13。在 Aq 枯水期流量级条件下，因进口段与分流区受河道地形的约束作用较强，总体表现为流速分布偏大部分位于主河槽，到江心洲洲头附近，因受洲头局部地形与浅滩的影响，水流分为两股分别进入左右汊，由于左汊河床较高、过流面积较小及阻力相对较大，进入左汊的流量占比较小，左汊流速明显小于右汊；左右两汊在汊道尾端汇聚，由于主汊表面流速远远大于支汊，且受弯道横向水流作用，在汇流区产生回流结构，最大表面流速位置接近左岸。

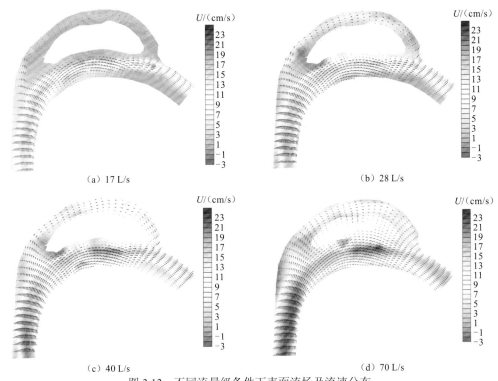

图 3.13　不同流量级条件下表面流场及流速分布

　　在 Bq 中水期流量级和 Cq 平滩期流量级条件下，其表面流场变化特征总体类似于 Aq 枯水期流量级，但是在分流区最大流速位置靠近主槽中部，其表面流速分流位置比前者更为靠近洲头位置，且随着流量增加和水位升高，支汊表面流速明显增大，有利于支汊进流，汇流区最大表面流速位置更加接近左岸。

　　在 Dq 洪水期流量级条件下，由于水流漫滩、河道地形对水流的约束作用下降，水流惯性作用相对增强、总体有大水趋直的特性，这样分流区最大表面流速位于河槽中部，分流点下挫，靠近支汊入口左凹岸边滩产生局部环流，主支汊表面流速相差不大，主汊最大流速位置靠近江心洲右岸，汇流区凸岸边滩产生局部环流。

　　总体而言，在枯水期、中水期、平滩期及洪水期 4 组流量级条件下主流走向基本一致，随着流量的增大，各断面最大表面流速也随之增大，断面表层流速分布更为均匀，分流点随流量增大有所下移，这样有利于洪水期支汊的进流。水流进入主支汊后，表面流速分布主要受流量与河道地形的影响，流量较小时表面流速分布相对均匀程度要差，河槽约束起主要作用，随着流量的增大与水位的抬升，水流的惯性作用逐渐起主要作用，流速分布大的位置逐渐由紧贴右岸侧向左岸侧偏移。汇流区断面表面流速分布大的位置位于河床左侧,两股水流汇合后沿左岸下行,汇流断面以下河道左右侧流速分布很不均匀,左侧流速明显大于右侧流速,随着流量的增大,表面流速大的位置逐渐向右岸偏移,两股水流汇合后的下游断面流速分布逐渐趋向均匀。

2) 水流动力轴线

水流动力轴线是河道沿程各横断面中最大垂线平均流速所在位置的连线,又称主流线。影响水流动力轴线的因素主要有流量大小与河道形态等因素,其中流量是水流动力轴线的主要因素,流量越大,河道形态的约束作用相对会减弱,反之会增强。图 3.13 为不同流量级条件下水流动力轴线变化,由图可知,分流区水流动力轴线总体表现为"高水趋直,低水傍槽"的特性,对不同流量级而言,流量大时,主流因趋直而偏左,分流点随之下移,流量小时,主流因傍槽而偏右、分流点随之上提;流量大时,汇流区主流趋直靠近主槽中部,流量小时,汇流区主流逐渐傍槽靠近左岸。

3) 横断面流速分布[4]

图 3.14~图 3.17 为枯水期、中水期、平滩期及洪水期流量级条件下的沿程横断面纵向流速分布,其中分流区为 CS2~CS7 断面,汊道段为洲头 CS10 和洲尾 CS15 断面,汇流区为 CS16~CS17 断面。

由图 3.14、图 3.15 可知,在枯水期、中水期流量级条件下,分流区主流速带位于河道右侧,最大流速范围为 19~23 cm/s,至 CS3 断面主流速带已出现分流;至分流区中部,由于横断面展宽,断面流速有所减小,至 CS7 断面受主支汊分流作用影响,断面流速有所回升,约增加 1~2 cm/s。汊道段,枯水期流量级条件下,左汊分流比很小,主要通过右汊下泄,因此右汊的流速明显大于左汊,随着流量增加,左汊分流比有所增大,断面流速也有所增加,但因左汊分流比所占比例仍较小,右汊仍占主导地位,左右汊断面流速分布基本遵循单一弯道的分布特点。汇流区因两汊水流交汇与断面急剧缩窄,靠近左岸位置产生回流,主流带位于断面中部,最大流速约为 23 cm/s。观测资料分析表明,横断面流速分布梯度大的区域主要在近底 0.1H 范围内,垂线流速较大的区域主要分布在距水面 0.6H 范围内。

图 3.16 反映了平滩期流量级条件下沿河道横断面的分布情况,从图中可以看出分流区主流带进一步展宽,由主河槽位置向边滩位置扩展,河床控制作用减弱,水流惯性作用增强;至汊道段,由于主流带左移展宽,左汊进流有利,分流量有所增加,流速增大,最大流速范围为 8.5~10 cm/s,右汊基本类似单一河道流速分布规律;汇流区因两汊水流交汇、掺混作用增强,主流带右移。

图 3.17 为洪水期流量级条件下沿河道断面流速分布,其流速分布规律基本类似平滩期流量级,分流区主流速带略微右移,受到进弯段的顶冲作用增强,在汊道进口 CS8 断面处,回流作用增强,左汊流速增大 2~3 cm/s,汇流区主流带进一步右移。

综上,分汊河道的流速分布与水流动力轴线走向相一致,随着流量的增大,河床约束作用减弱,水流惯性作用增强,使得分流区主流逐渐左摆,但在高水漫滩条件下,因边界条件主流分布略有不同,但是趋势基本一致。

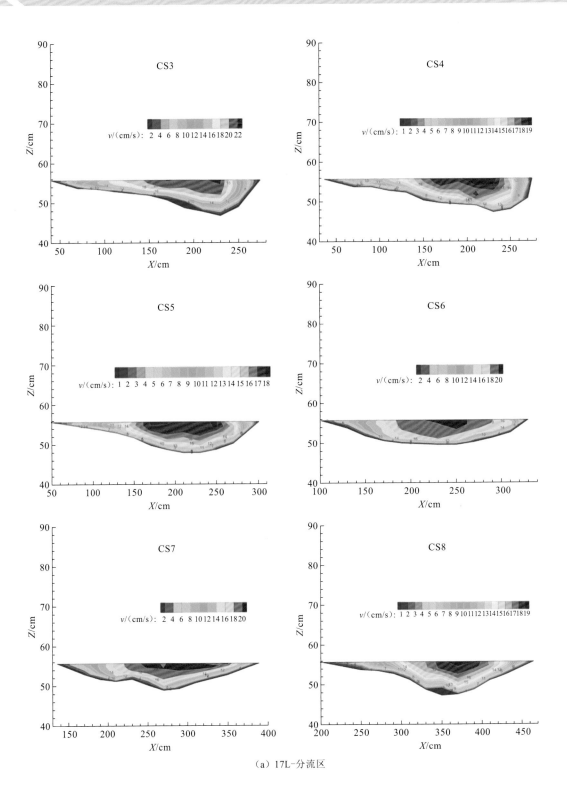

（a）17L-分流区

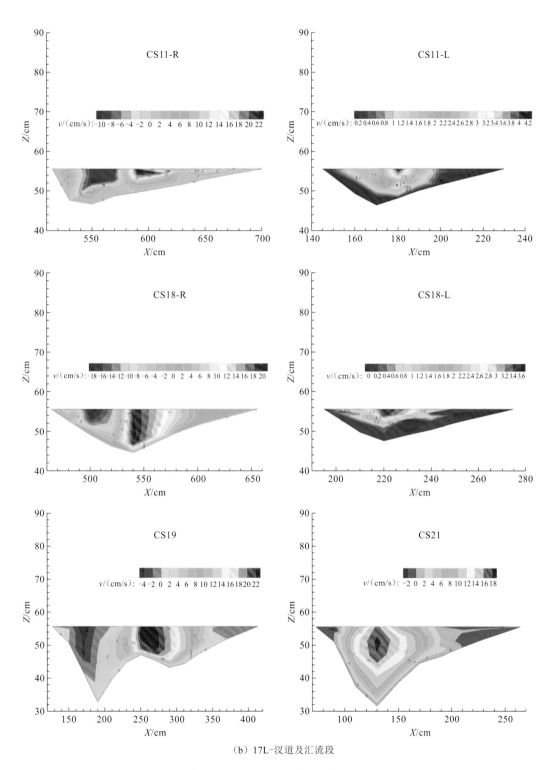

（b）17L-汊道及汇流段

图 3.14　枯水期（Aq）流量级条件下横断面流速分布

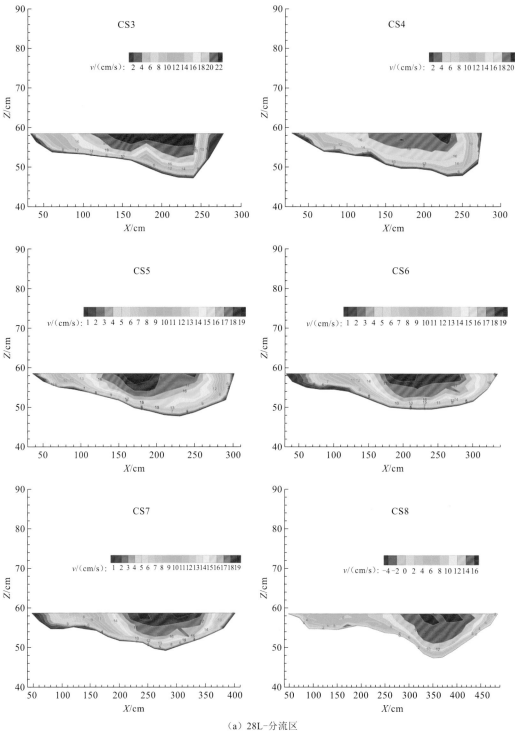

（a）28L-分流区

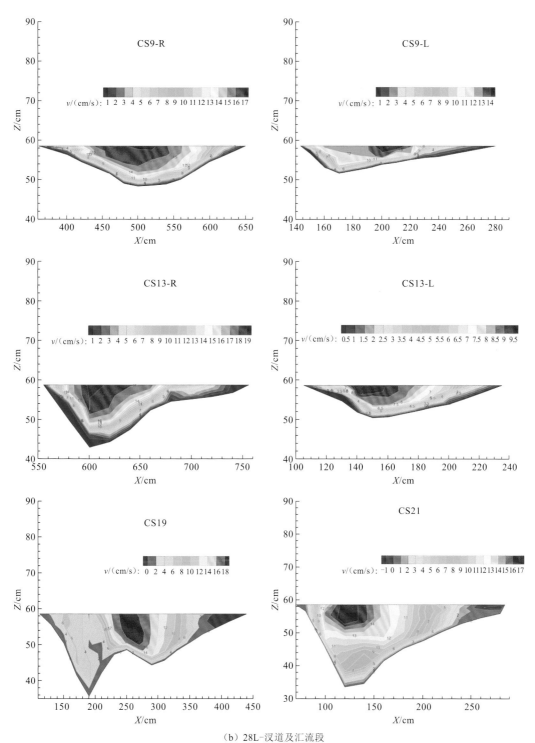

（b）28L-汊道及汇流段

图 3.15 中水期（Bq）流量级条件下横断面流速分布

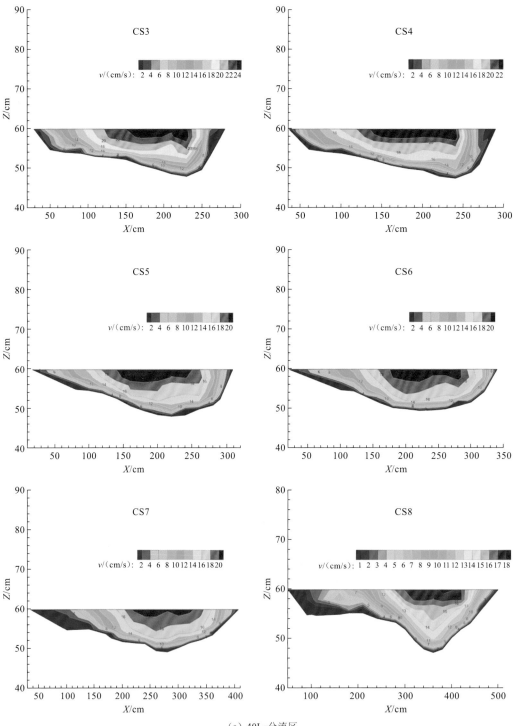

（a）40L-分流区

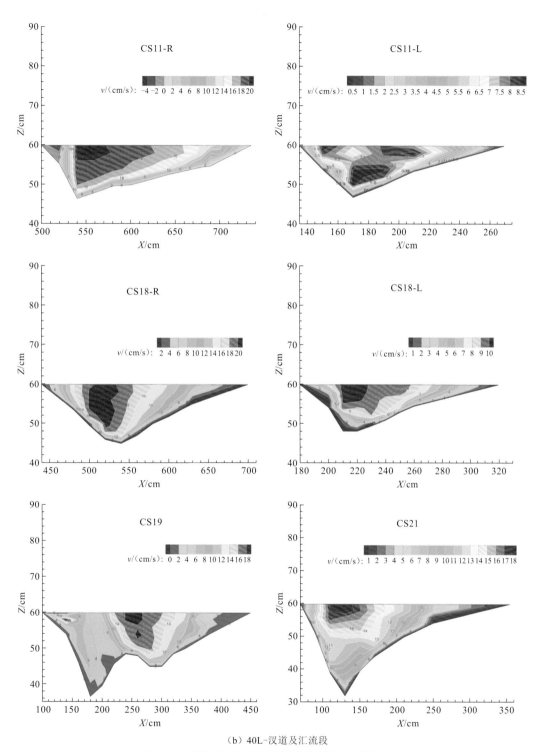

（b）40L-汊道及汇流段

图 3.16　平滩期（Cq）流量级条件下横断面流速分布

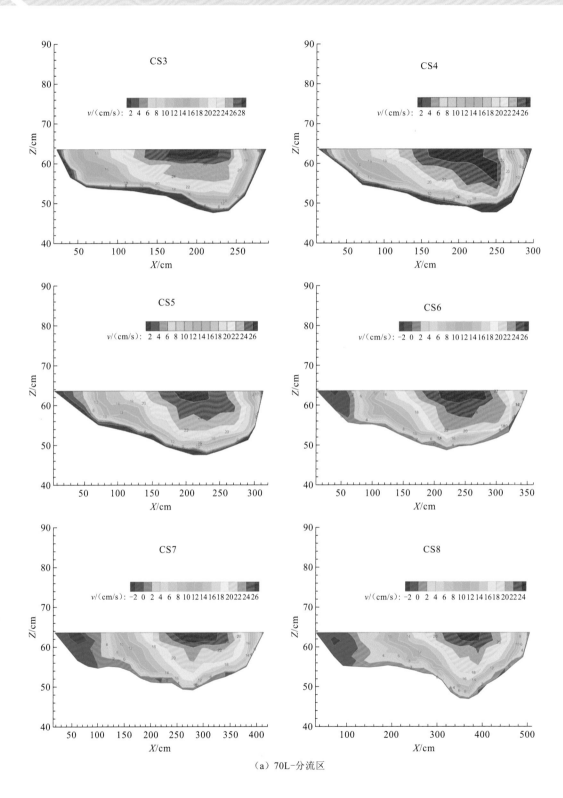

（a）70L-分流区

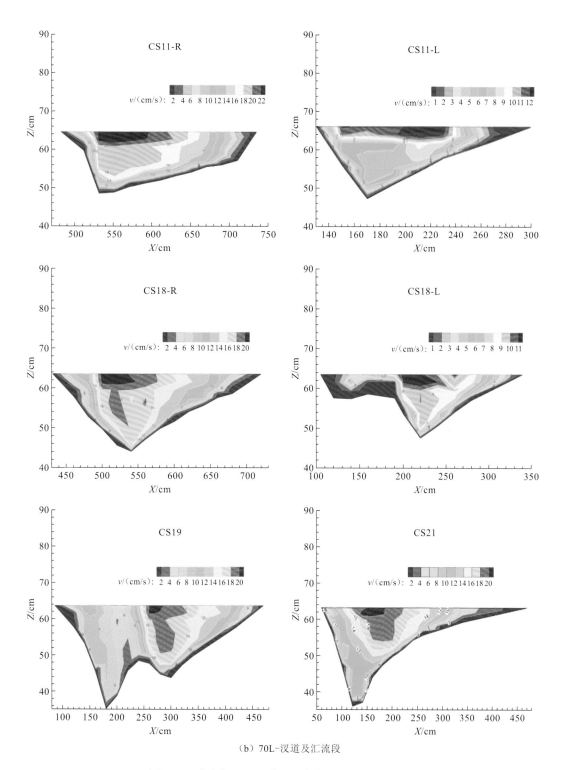

（b）70L-汊道及汇流段

图 3.17　洪水期（Dq）流量级条件下横断面流速分布

3.2.3 泥沙运动特性

三峡工程蓄水运用后，进入长江中下游的沙量大幅减少，粒径变细，影响长江中下游河道演变。为了探索进口不同来沙量条件下分汊河道不同区域含沙量的分布特性，共开展 7 种水沙条件下的浑水定床试验，试验条件见表 3.6。

表 3.6 进口不同水沙条件的试验工况

工况	天然流量 /（m³/s）	天然含沙量 /（kg/m³）	天然输沙率 /（t/s）	模型流量 /L	模型含沙量 /（kg/m³）	模型输沙率 /（g/s）	断面平均流速 /（cm/s）	尾门控制水位 /cm
A	8 500	0.11	0.94	17	0.25	4.25	11.23	25.70
B	14 000	0.22	3.09	28	0.50	14.00	13.55	28.64
C1	20 000	0.22	4.42	40	0.50	20.00	15.37	30.84
C2	20 000	0.11	2.21	40	0.25	10.00	15.37	30.84
D1	35 000	0.44	15.47	70	1.00	70.00	16.99	34.64
D2	35 000	0.22	7.74	70	0.50	35.00	16.99	34.64
D3	35 000	0.11	3.87	70	0.25	17.50	16.99	34.64

图 3.18 为 D1 洪水期流量级条件下的沿程典型横断面含沙量等值线分布，可以看出，沿程各横断面含沙量垂向分布总体呈现上小下大的特性，但是浅滩部位含沙量明显大于深槽部位含沙量，然而主流带基本位于主河槽，这就造成了最大水流功率与最大悬移质含沙区域异位的现象。主河槽含沙量垂线分布越靠近底槽位置变化梯度越大，但在浅滩部位垂向分布较均匀。

从分流区 CS6 和 CS8 来看，随着河道的展宽，CS8 断面平均流速较小，挟沙能力降低，其断面平均含沙量约为 $0.35\,kg/m^3$，总体小于 CS6 断面。汊道段，主支汊河道断面面积减小，水流阻力增大，断面平均流速增大，右汊断面平均含沙量增大，最大水流功率与最大悬移质含沙量区域异位现象减弱。汇流区因受到主支汊交汇强烈掺混作用，水流条件复杂多变，深槽部位含沙量明显大于其他部位。

由以上分析可以看出，分流区含沙量总体沿程逐渐减小，汊道段主汊含沙量明显高于支汊，汇流区水流流速增大，挟沙能力较强，其含沙量较分流区增加。

图 3.19 对比分析了洪水期流量级和平滩期流量级下分流区典型断面垂线平均流速和垂线平均含沙量分布特征。在洪水期流量级条件下，垂线平均流速分布近似倒 "U" 形曲线，最大垂线平均流速基本分布在深槽部位，随着分流区河道展宽，垂线平均流速分布曲线在凹岸边滩部位斜率逐步增大；垂线平均含沙量分布曲线则与垂线平均流速呈相反趋势，越往下游含沙量最大值越往凸岸靠近，且断面分布趋于平缓；随着上游来沙量的增大，凹岸边滩区域呈现 "先增后减" 的趋势愈明显，在凸岸主槽附近垂线平均含沙量分布较为均匀。平滩期流量级条件下，分流区垂线平均流速和垂线平均含沙量分布类

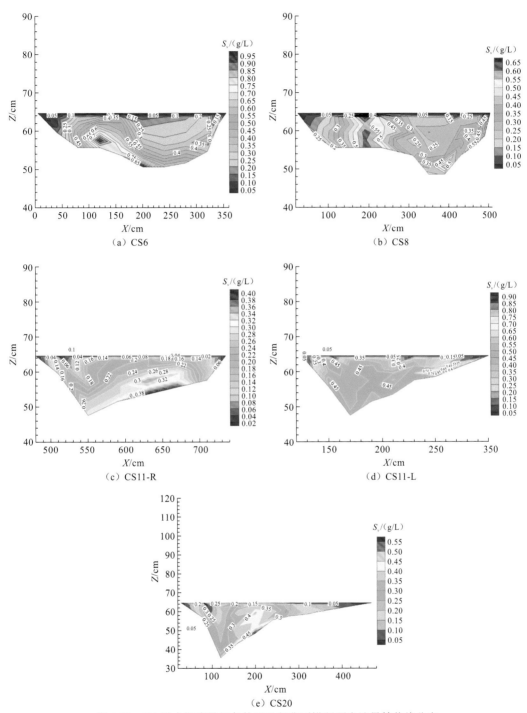

图 3.18　D1 洪水期流量级条件下沿程典型横断面含沙量等值线分布

似于洪水期流量级，垂线平均流速沿断面分布主流带位置相对于洪水期流量级右偏，水流惯性作用减弱，但其垂线平均含沙量沿断面分布在凸岸边壁附近有所抬升，且分布相对更加均匀。

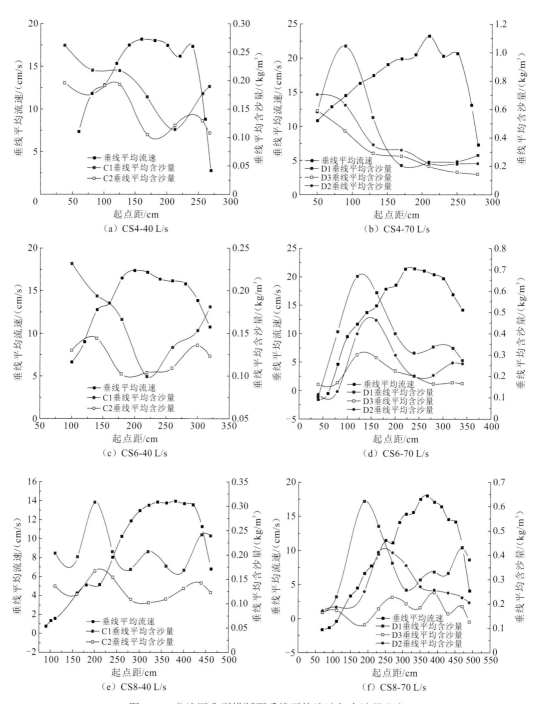

图 3.19　分流区典型横断面垂线平均流速与含沙量分布

3.3 弯曲分汊河道三维水沙数学模型

为了研究弯曲分汊河道三维水流运动特性，基于滩槽优化的非结构网格，建立了监利乌龟洲分汊河段的三维水沙数学模型，并进行了模型参数的率定及模型计算精度的验证。数学模型计算范围见图 3.20。

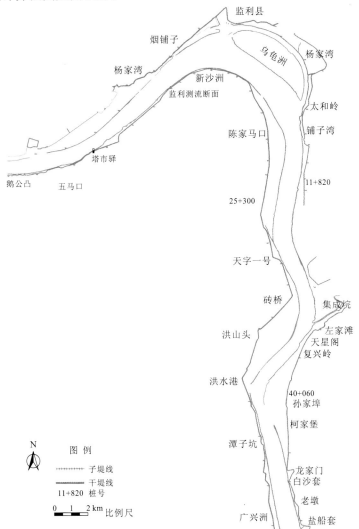

图 3.20 监利乌龟洲分汊河段数学模型计算范围及河势

采用2016年10月监利河段实测地形图塑制数学模型地形。在河床阻力系数率定的基础上，进行 2016 年 7 月 28 日（对应实测监利流量约 24 400 m³/s）、2016 年 11 月 29 日（对应实测监利流量约 7 260 m³/s）两个流量级的模拟，以研究弯曲分汊河道三维水流结构。

由不同流量级条件下的底层、表层流场分布（图 3.21）可知，受河床阻力影响表层水流流速较大（图 3.22），受到惯性影响较大，继续保持走直的特性，在弯道处逐步偏

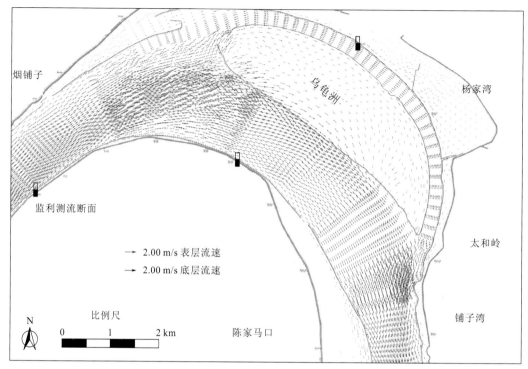

（a）监利流量24 400 m³/s

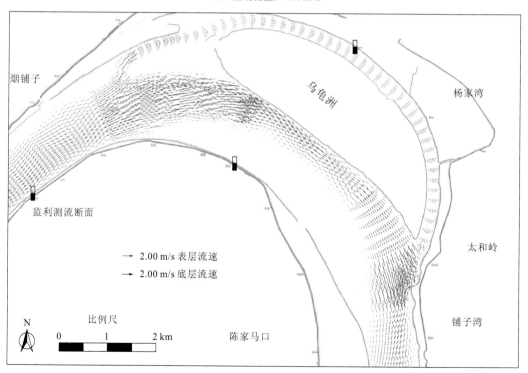

（b）监利流量7 260 m³/s

图 3.21　计算河段底层、表层流场套绘

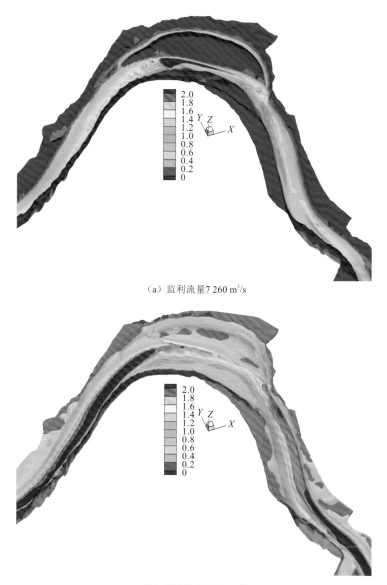

（a）监利流量7 260 m³/s

（b）监利流量24 400 m³/s

图 3.22 计算河段流速等值面分布

离凸岸、流向凹岸；表层水流在凹岸聚集形成水位壅高，并产生横向环流动力，使得底层水流流向明显向凸岸偏转。表层水流流向凹岸，底层水流向凸岸偏转，从三维空间来看，表现为流线弯曲；从横断面来看，表现为横向环流，如图 3.23、图 3.24（荆 142）所示。在进入乌龟洲汊道段之前，分流区下段河道已经具有两个明显的主槽，右槽后接乌龟洲左汊，右槽后接乌龟洲右汊，左右槽水深接近。在较大流量下，左槽流线弯曲较小，横向环流不显著；在较小流量下，受枯水河槽地形影响，左槽流线弯曲较大，横向环流与右槽接近。

在乌龟洲洲头分流段，水流受到"分流"和"弯曲"两种河道形态的叠加影响。一

般而言，对于单纯的分汊河道，当上游来流遇到江心洲阻挡时，贴近洲体的水流在受到
固体边界约束下形成水流聚集，并产生水位壅高和横向环流动力；这样一来，其左右汊
分别将出现顺、逆时针横向环流。在乌龟洲分流段，由于弯道曲率较大，逆时针横向环
流强烈。当进行"分流"和"弯曲"对水流的作用叠加时，在乌龟洲左汊，分流、弯曲
引起的环流互相加强，最终表现出逆时针横向环流；在乌龟洲右汊，分流、弯曲引起的
环流互相削弱，由于弯道环流强度数量要大很多，右汊最终也表现出逆时针横向环流。
在乌龟洲分流之后的左右汊之中，水流结构满足一般的单一弯曲河道的水流运动特征。
此外，右汊中段弯曲程度相对其上下游较小，环流强度也较弱。

　　在乌龟洲洲尾汇流段，水流受到"汇流"和"弯曲"两种河道形态的叠加影响。由
于受到左岸河床的强烈约束、河床局部地形形态的影响，在乌龟洲洲尾汇流段，表层水
流基本平顺流到下游，底层水流则大幅折向凸岸。走直的水流贴左岸前进，为主流，将
引起左半部河槽的强烈冲刷。底层水流大幅折向凸岸，将引起左半部河槽冲起的底沙大
量向右半部河槽或右侧低滩滩唇输移。

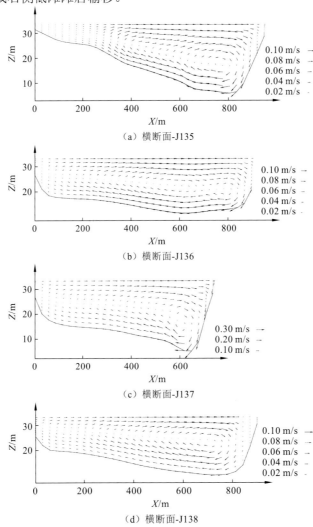

（a）横断面-J135

（b）横断面-J136

（c）横断面-J137

（d）横断面-J138

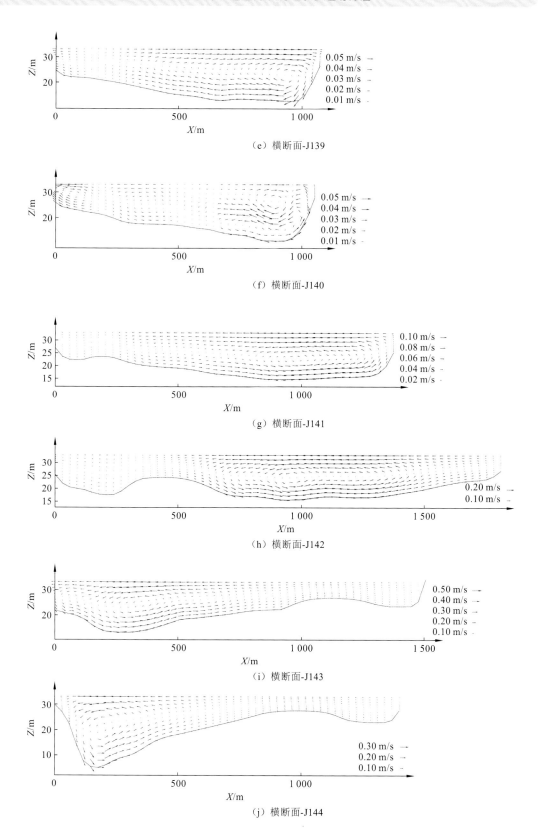

（e）横断面-J139

（f）横断面-J140

（g）横断面-J141

（h）横断面-J142

（i）横断面-J143

（j）横断面-J144

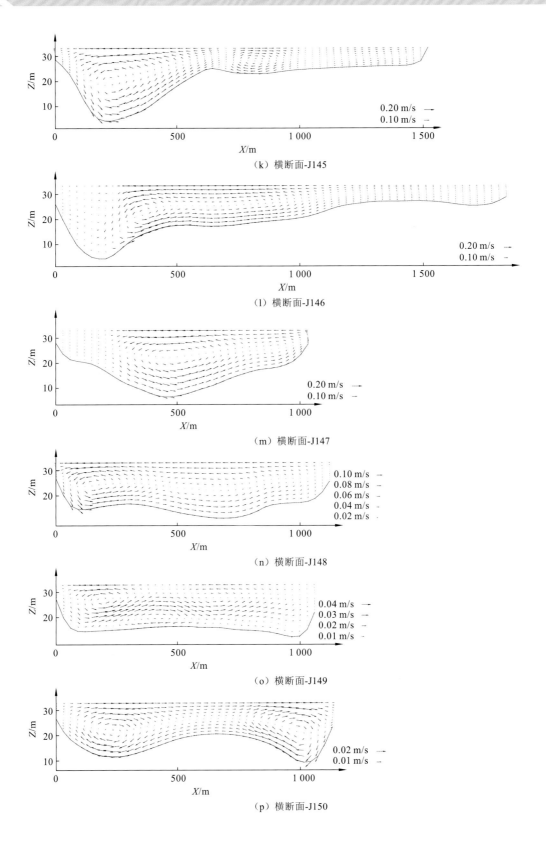

（k）横断面-J145

（l）横断面-J146

（m）横断面-J147

（n）横断面-J148

（o）横断面-J149

（p）横断面-J150

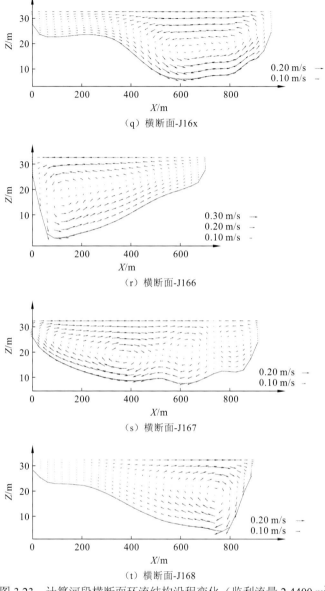

（q）横断面-J16x

（r）横断面-J166

（s）横断面-J167

（t）横断面-J168

图 3.23 计算河段横断面环流结构沿程变化（监利流量 2 4400 m³/s）

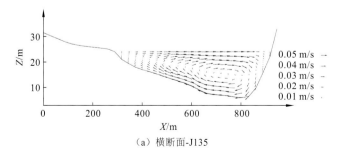

（a）横断面-J135

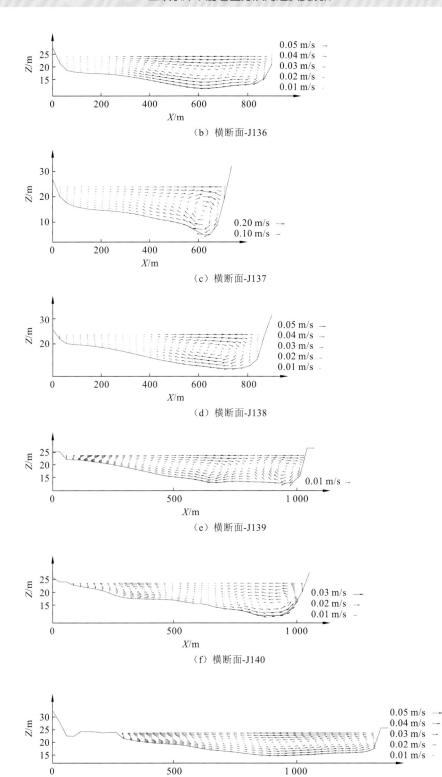

（b）横断面-J136

（c）横断面-J137

（d）横断面-J138

（e）横断面-J139

（f）横断面-J140

（g）横断面-J141

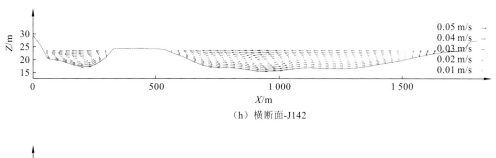

（h）横断面-J142

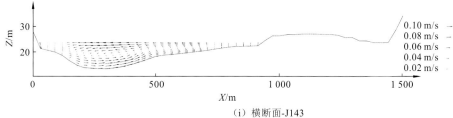

（i）横断面-J143

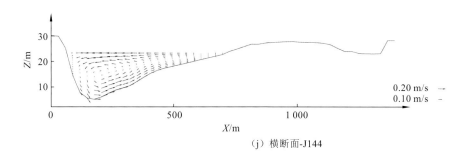

（j）横断面-J144

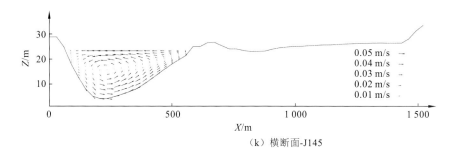

（k）横断面-J145

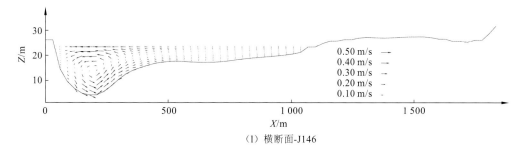

（l）横断面-J146

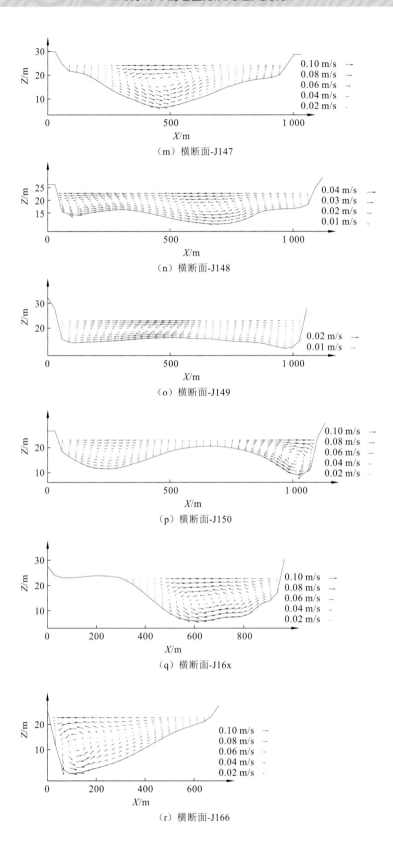

（m）横断面-J147

（n）横断面-J148

（o）横断面-J149

（p）横断面-J150

（q）横断面-J16x

（r）横断面-J166

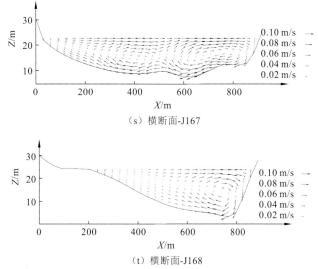

（s）横断面-J167

（t）横断面-J168

图 3.24　计算河段横断面环流结构沿程变化（监利流量 7 260 m³/s）

3.4　本 章 小 结

本章利用平面二维水沙数学模型与概化模型，开展了不同弯曲度分汊河道水沙运动特性研究，并对三维水流运动进行了数值模拟，主要结论如下。

（1）分汊河道分流区内断面的平均水深沿程递减，分流区主汊侧水深均大于支汊侧。随着流量的增大，其相应位置的流速增大；断面平均流速的沿程变化与流量有很大关系，洪水期分流区的流速沿程减小，中水期流速沿程变化不大，枯水流量时，流速沿程增加；分流区的主流线在小流量级情况下居主流侧，随着流量的增加，主流线开始左摆，至大流量时，主流线居中下行。分流区和汇流区洪水期的含沙量大于中枯水期，即随着流量的增加，相应位置的含沙量增加。中枯水期，分流区的挟沙能力沿程增加，汊道段内水流挟沙能力起伏明显，汇流区的水流挟沙能力沿程减小；高洪水期，分流区的挟沙能力沿程减小，汇流区的水流挟沙能力沿程增大。

（2）弯曲分汊河道水面纵比降表现为"洪大枯小"的特性。但沿程局部纵比降变化存在差异，进口单一段、分流区及汊道段的水面纵比降均随流量增大而增大，汊道段增幅相对更大，汇流区及出口单一段水面纵比降呈现"洪小枯大"的特性，且随流量增大而有所减小。水面横比降沿弯曲分汊河道呈现类似"正态分布"特征，分流区沿程逐渐增大，在弯顶处达到最大值，过弯后逐渐减小；水面横比降与河道平面弯曲率及流量有关，流量愈大，其水流离心力作用愈大，水面横比降也愈大。河道弯曲率愈大，水面横比降受到河床地貌阻力作用愈大，其值增加。

（3）弯曲分汊河道进口流量越大，水流惯性作用越强，河槽约束作用越弱，流速沿断面分布越均匀,主流速带向边滩侧偏移,有利于汊道支汊进流;水流动力轴线遵循"高水趋直,低水傍槽"的规律,分流点符合"高水下移,低水上提"的规律。

(4)分流区横断面水流最大功率与最大含沙量区域存在异位现象,断面垂线平均含沙量最大值位于边滩附近,垂线平均流速最大位置位于主河槽附近,两者沿横断面的分布呈相反趋势,并且随着上游来水来沙增加,这种趋势越发明显。分流区浅滩部位含沙量明显大于深槽部位。

第4章

来沙量减少条件下弯曲分汉河道冲淤演变规律

　　冲积性河流在挟沙水流的长期作用及漫长的自我塑造下形成了其特定的水力几何形态，具有在平均情况下输送水沙的能力，挟沙水流与河床处于动态平衡状态，而当来水来沙条件发生变化，改变了河流的水力输沙特性，破坏了河流的输沙平衡状态，河床就需做出适应性调整来适应这种变化，所产生的表现即为河床冲淤变形的响应，响应的方向趋向于建立新的输沙平衡，河床冲淤交替，这就是天然河流的自动调整作用。因此，从这个意义上来讲，对于任意一个河段，水沙条件年内年际的变化情况都是河床发生冲淤变形的直接诱因。三峡工程蓄水运用后，拦蓄大量的泥沙于库内，出库水沙过程发生较大改变，影响长江中下游河道演变。本章主要以水沙数学模型与概化模型为研究手段，结合理论分析揭示来沙量减少条件下弯曲分汉河道的冲淤演变规律。

4.1 顺直微弯型分汊河道的冲淤演变计算分析

4.1.1 计算条件

根据实测水沙、地形等资料，来水来沙过程选择 1998 年对应的流量、水位过程，输沙量依次以当年输沙量不减少、减少 20%、减少 50%、减少 80%共 4 种情况，采用验证后的二维水沙数学模型对武汉天兴洲分汊河段进行冲淤计算，分析该河段在不同来沙条件下的水流、泥沙运动特性和河床冲淤变化。典型年水沙特征值见表 4.1。

表 4.1　典型年水沙特征值表

年份	年径流量/(10^8 m³)	年输沙量/(10^8 t)	含沙量/(kg/m³)
1998	8 295	3.51	0.438

本小节将水沙过程按流量划分成若干梯级恒定流进行计算，将一年划分成 60 个计算时段，具体进口流量、含沙量过程和出口水位过程见表 4.2。计算起始地形为 2008 年 1:10 000 的实测地形资料，悬沙级配选取 2007~2008 年实测悬移质月均级配。

表 4.2　计算条件

工况	进口流量/(m³/s)	出口水位/m	进口含沙量/(kg/m³)	工况	进口流量/(m³/s)	出口水位/m	进口含沙量/(kg/m³)
1	13 773	14.125	0.157	16	26 945	19.295	0.220
2	16 672	15.715	0.174	17	25 967	19.185	0.185
3	16 171	16.355	0.088	18	25 740	18.495	0.292
4	14 602	15.355	0.080	19	39 134	22.175	0.386
5	13 224	14.625	0.073	20	42 267	22.535	0.566
6	14 852	14.885	0.085	21	41 526	22.595	0.795
7	16 623	15.395	0.198	22	61 873	25.515	1.154
8	26 087	19.325	0.342	23	50 500	23.555	0.799
9	17 026	17.295	0.096	24	59 300	25.075	0.999
10	14 331	15.935	0.080	25	61 176	26.145	1.596
11	18 163	16.515	0.153	26	52 553	24.775	1.647
12	15 053	16.175	0.090	27	54 843	24.245	1.573
13	18 519	17.015	0.128	28	51 831	23.945	1.928
14	17 842	15.985	0.180	29	52 513	23.625	1.415
15	24 073	17.795	0.266	30	64 855	25.695	1.391

工况	进口流量 /(m³/s)	出口水位 /m	进口含沙量 /(kg/m³)	工况	进口流量 /(m³/s)	出口水位 /m	进口含沙量 /(kg/m³)
31	67 774	26.745	1.199	46	56 527	24.795	1.507
32	69 658	26.815	1.277	47	54 165	24.705	0.878
33	56 198	24.755	1.492	48	43 696	23.305	0.865
34	49 887	23.595	1.489	49	43 982	23.305	0.784
35	59 184	25.275	1.380	50	31 662	21.425	0.548
36	57 061	24.935	1.509	51	36 673	21.945	0.477
37	62 148	25.665	1.642	52	19 254	18.565	0.232
38	55 174	24.585	1.794	53	14 051	15.825	0.243
39	63 943	25.565	1.685	54	13 173	15.325	0.186
40	68 857	26.215	2.439	55	10 361	13.755	0.136
41	57 601	24.785	1.713	56	9 105	12.805	0.088
42	62 714	25.675	1.517	57	7 891	11.855	0.053
43	54 866	24.405	1.220	58	7 839	11.375	0.058
44	45 088	23.075	1.098	59	7 356	11.265	0.042
45	51 744	23.865	1.027	60	7 302	11.185	0.030

4.1.2　计算成果分析

图 4.1 为武汉天兴洲分汊河段在年内不同时段的原河量及不同减沙条件下的冲淤分布，由图可看出，河段在汛期前即中小水时段作用后，汊道段内表现为冲淤并存，原沙量时主汊侧冲刷，支汊侧淤积，冲淤厚度均不明显，主汊冲刷，厚度在 1.5 m 左右，支汊略有淤积，洲尾及汇流区凹岸略淤积；当含沙量减少 20%时，汊道段整体均表现为冲刷，分流区支汊侧及进口处略有淤积；当含沙量减小 50%时，分流区下段主支汊侧都表现为淤积，支汊侧淤积幅度较主汊侧大，主汊及汇流区凸岸均冲刷；当含沙量减少 80%时，汊道整体均表现为冲刷。河段在经历汛期即大水时段作用后，汊道段在不同来沙条件下分别表现为：原沙量时，河段整体均表现为淤积，尤其是分流区和汇流区段，淤积幅度较大；当含沙量减少 20%时，河段整体表现也为淤积，但冲淤厚度有所减小；当含沙量减少 50%时，分流区主支汊侧冲淤厚度有减小，支汊侧冲淤厚度大于主汊侧，主汊及汇流区凹岸冲刷；当含沙量减小 80%时，河段整体表现为淤积，冲淤厚度较小。汛期后，当河段在历经一年的水文过程作用后，汊道段内在不同来沙条件下分别表现为：原沙量时，河段整体表现为淤积；含沙量减少 20%时，河段整体也表现为淤积，但分流区的主汊侧和主汊均冲刷；含沙量减少至 50%时，河段整体表现为冲刷；当含沙量减少 80%时，河段内整体表现为冲刷。

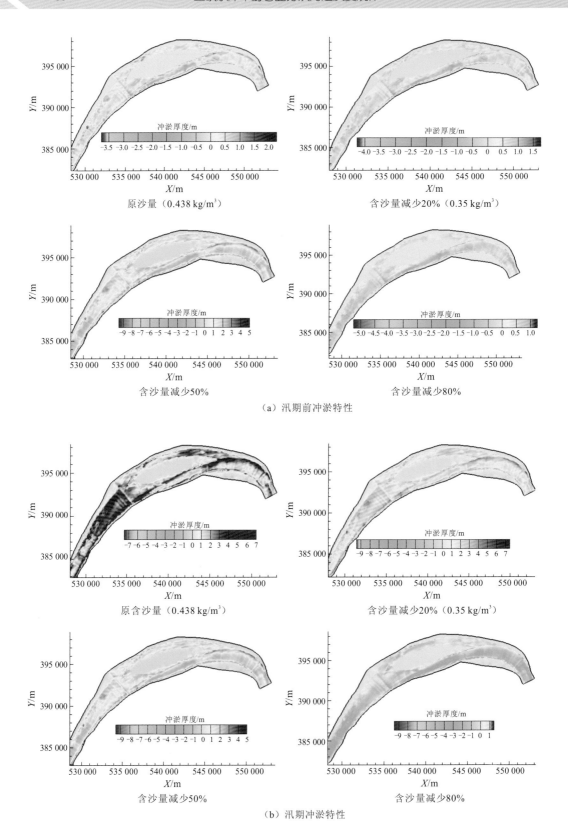

（a）汛期前冲淤特性

（b）汛期冲淤特性

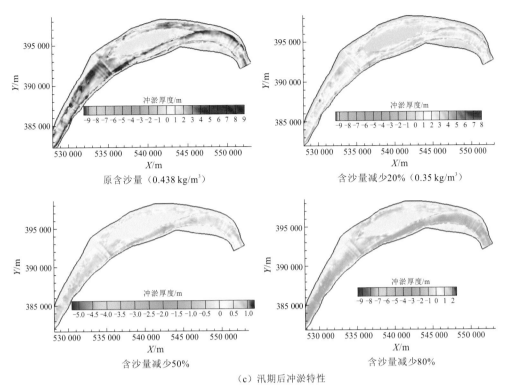

原含沙量（0.438 kg/m³）　　　　　含沙量减少20%（0.35 kg/m³）

含沙量减少50%　　　　　含沙量减少80%

（c）汛期后冲淤特性

图 4.1　年内不同时期计算河段来沙量减少条件下的冲淤分布

　　总体而言，来沙量减少的条件下，天兴洲分汊河段在各个时段内河床总体表现为冲刷，冲刷部位主要位于主输沙带的基本河槽。且来沙量越少，冲刷幅度越大。不同时段内河床的冲淤表现不同，中枯水期，河段内分流区的支汊侧即汉口边滩及洲头一片有淤积，深槽及主汊冲刷发展；汛期，原沙量时河段整体淤积，小沙量时河段整体冲刷；退水期，河段内开始向冲刷方向发展，淤积程度减少。

　　一方面三峡工程蓄水运用后，坝下游河道相对平衡水沙过程被打破，主要是来沙量大幅减少，宜昌站、枝城站、监利站、汉口站蓄水后与蓄水前的比值分别为 0.135、0.164、0.271、0.332[33]，自然状态下沿程河段对减沙幅度的敏感度存在差异，冲淤响应过程有所不同，距坝较近且输沙能力相对强的河段会在短时间内通过河床剧烈冲刷粗化增强河床的抗冲能力和稳定性而达到新的平衡；另一方面，三峡工程蓄水运用后沿程各站悬移质泥沙中值粒径发生明显变化，其变化范围为 0.003～0.150 mm，其中宜昌站粒径明显变细，监利站、汉口站明显变粗，由水流挟沙能力公式 $\left(S_* = k \left(\dfrac{U^3}{gH\omega} \right)^{m_2} \right)$ 可知：沿程悬移质泥沙组成随上游来沙与坝下游河道冲淤而发生一定变化，对沿程挟沙能力产生一定的影响。

　　根据以往的研究分析知[34]，对于宽窄相间河段的输沙能力在不同水文条件下存在较大差异，主要表现为"窄深段洪冲枯淤，宽浅段洪淤枯冲"的规律。整体来看，河段总体冲淤变化与上游来水来沙过程有密切关系，对于进口来沙量少，河床补给能力有限的分汊河段，可能会出现整体冲刷的现象，直至河床冲刷调整与粗化达到相对平衡的状态；而对于进口来沙减少在一定范围内，且河床补给能力强的河段而言，其冲淤变化仍会遵循"窄深段洪冲枯淤，宽浅段洪淤枯冲"的规律，只是冲淤幅度有所不同。

4.2　弯曲型分汊河道冲淤演变特性试验

4.2.1　典型年冲淤试验

1. 试验方案

概化模型以荆江监利乌龟洲分汊河段 1998 年地形作为参考，塑造以右汊为主汊的初始地形（图 4.2），洲体与边滩及河槽均塑造为动床。采用 1998 年、2006 年和 2010 年丰水、枯水、中水典型年，概化试验水沙施放过程，见表 4.3。

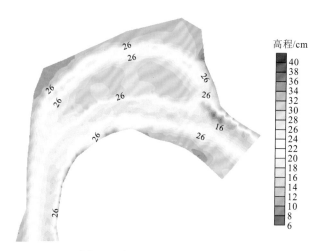

图 4.2　典型年冲淤试验初始地形

表 4.3　试验水沙施放过程

阶段 1 历时/h	流量 Q /（L/s）	输沙率 Q_{SST} /（g/s）	水深 H /cm
0.8	16	7.3	25.26
3.8	25	21.6	27.81
7.6	72	151.4	35.52
9.1	44	72.1	32.28
11.2	28	28.0	28.12
12	14	15.3	24.26
权重	41.5	68.8	30.5

续表

阶段 2 历时/h	流量 Q/(L/s)	输沙率 Q_{SST}/(g/s)	水深 H/cm
12.8	12	3.1	23.23
14.4	24	10.6	27.85
16	32	21.0	29.81
18	56	92.5	33.02
21	40	37.1	31.17
23.2	22	8.9	27.24
24	14	3.9	24.16
权重	32.6	31.0	29.1

阶段 3 历时/h	流量 Q/(L/s)	输沙率 Q_{SST}/(g/s)	水深 H/cm
25.1	16	7.1	24.91
27.8	28	26.9	28.34
29.8	40	67.9	29.96
31.4	20	11.7	26.21
34.9	24	18.2	27.37
36	14	5.4	24.22
权重	25.4	25.4	27.4

2. 冲淤平面分布

图 4.3 为阶段 1、阶段 2、阶段 3 三个不同阶段条件下河道冲淤变化。在阶段 1 期间（丰水年工况，加权沙流比为 1.66），分流区总体呈现淤积态势，特别是分流区中上段的低滩区域，右岸边坡则受到冲刷。汊道段江心洲洲头两缘有所冲刷内缩，特别是右缘，累计冲深约为 6 cm，但洲头低滩及顶部有所淤积上延，淤高约为 1 cm。左汊整体淤积，淤高为约 3 cm。右汊凸岸边滩整体淤高、外扩，主槽有所刷深，而江心洲中部及洲尾则受到冲刷，累计刷深约为 1 cm，汇流区主槽及边滩淤积，特别是交汇段主槽最大累积淤高约为 8 cm。

在阶段 2 期间（中水年工况，加权沙流比为 0.95），分流区依然呈现淤积趋势，但幅度减弱。洲头低滩进一步淤积上延，特别是低滩区累计最大淤高约为 5 cm，但洲头右缘受到侵蚀作用增强，最大冲深约为 9 cm。江心洲洲顶受到小幅冲刷，但洲头左缘及洲尾右缘边缘不断淤积。左汊整体受到冲刷，累计刷深约为 3 cm，右汊凸岸中上段边滩继续淤积、外扩，而下段高滩则受到轻微冲刷。汇流区则表现为低滩微淤及主槽微冲。

在阶段 3 期间（枯水年工况，加权沙流比为 1.00），分流区整体转换为冲刷态势。但洲头低滩仍然存在较小的淤积体，洲头两侧滩体受到冲刷而后退，右汊凸岸滩头也出现小幅冲刷后退趋势，上段滩体冲刷形成次级流路，从而造成下游凸岸边滩的局部冲刷。上游冲起的大量泥沙，造成江心洲洲顶及左汊河槽的淤积，洲尾及交汇区域也同样存在较大幅度的淤积，最大累计淤高约为 10 cm。

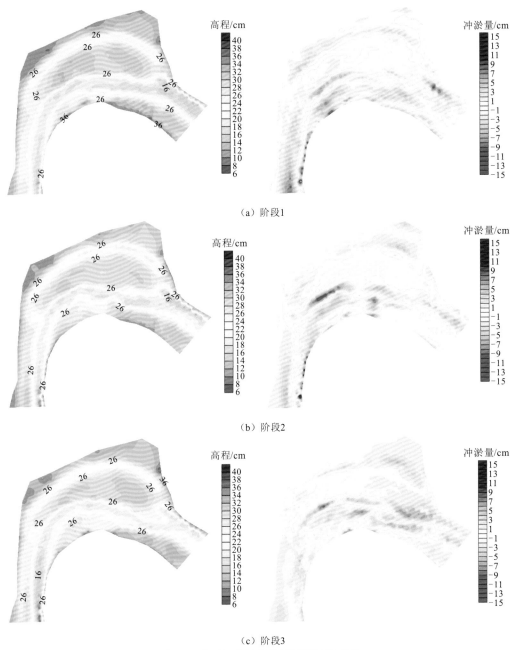

（a）阶段1

（b）阶段2

（c）阶段3

图4.3　典型年水沙条件下滩槽冲淤变化

　　总体来看，分流区冲淤地形较为散乱，且边滩淤积较为严重，总体表现为"高水淤积，低水冲刷"的变化特点；汊道段受到弯道及分流作用影响，洲头两侧和弯顶部位易于冲刷，而洲头低滩则易于淤积上延；分、汇流区边滩部位呈现"洪淤枯冲"的特点。在阶段2和阶段3期间，分流区主流摆动频繁，有利于深槽塑造，左汊冲淤交替，右汊水流对江心洲冲刷作用增强。

3. 典型横断面冲淤变化

图 4.4 为阶段 1、阶段 2、阶段 3 各时段典型横断面冲淤变化过程。CS6 断面位于分流区中部位置，其断面形态总体偏"U"形。丰水年，洪水流量历时较长，河槽中部位置淤积约 0.08 m，深槽部位河床冲淤交替基本平衡，凸岸岸线崩退约 0.2 m；中水年，中水流量历时较长，主槽部位冲刷下切，至冲刷末期，凸岸岸线重新淤长；枯水年，中小水流量历时较长，断面形态基本稳定，凸岸边壁下切，主槽位置略微右移。

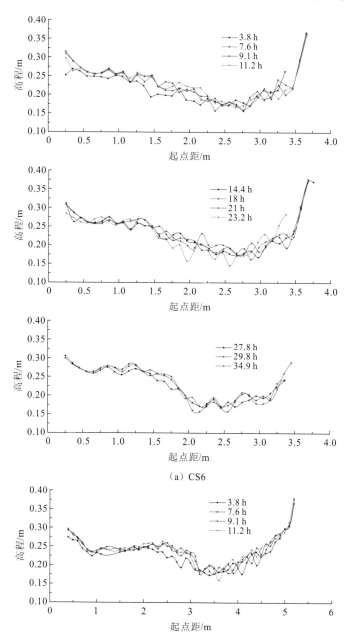

（a）CS6

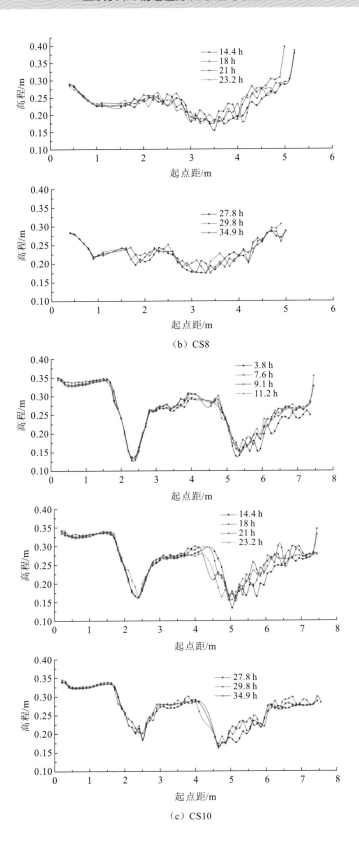

（b）CS8

（c）CS10

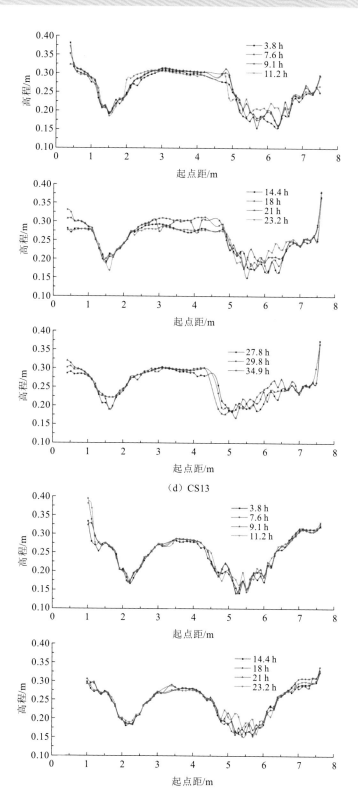

（d）CS13

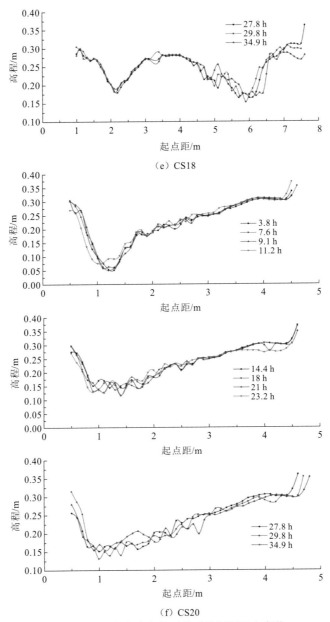

（e）CS18

（f）CS20

图 4.4　典型年水沙条件下典型横断面形态变化

　　CS8 断面位于分流区末端近洲头位置，其断面形态近似"W"形。丰水年，河床冲淤交替，断面形态基本稳定，但右槽左侧滩槽交互区呈现淤积，累计淤积约为 0.05m，左槽深槽部位淤积约为 0.03m；中水年，除凸岸边壁整体向内淤长约为 0.3m 外，河床断面形态趋于稳定状态；枯水年，主槽对水流控制作用增强，凹岸侧及凸岸侧深槽冲刷下切。

　　CS10 断面位于江心洲洲头位置，断面形态呈"W"形，丰水年右汊右岸边滩淤积上延 0.02m；中水年冲刷过后江心洲洲头外缘崩退累计约 0.3m，右汊右岸边滩继续淤积上延，累计约为 0.01m，左汊深槽有所淤积，深槽变化不大；枯水年洲头部位继续崩退，右汊深槽拓宽，左汊整体淤积约为 0.025m。CS13 断面位于汊道中部位置，除中水年江心洲滩体冲刷下切累计约为 0.04m 外，右汊主槽部位冲淤频繁，丰水年及中水年右汊主槽淤积，枯水年有利于冲刷发展。CS18 断面位于汊道洲尾位置，其变化主要发生在右汊深槽部位，类似于 CS13 断面，中水年主槽淤积拓宽，枯水年则冲刷下切，左汊深槽有所淤积。

　　CS20 断面位于汇流区，断面形态近似"V"形。丰水年总体冲淤变幅较小，中水年深槽部位大幅淤积，累计淤积厚度约为 0.1m，右岸边滩冲刷下移约为 0.05m；枯水年断面基本稳定，近槽边滩有所淤积。

　　通过对典型年各时段横断面冲淤变化实时监测，可以看出来水来沙条件及其作用时间长短对河床冲淤演变的影响显著。大水大沙条件下，浅滩总体呈现淤积状态，深槽总体呈现冲刷状态，而在小水小沙条件下，浅滩总体呈现冲刷状态，深槽则总体呈现淤积状态。综合归纳为"浅滩洪淤枯冲，深槽洪冲枯淤"的河道冲淤特点。

4.2.2　系列年冲淤试验

1. 试验方案

　　概化模型以荆江监利乌龟洲分汊河段 1980 年地形作为参考，塑造以左汊为主汊的初始地形（图 4.5），洲体与边滩及河槽均塑造为动床。采用 1981～1985 年、1987 年、1993 年、1998 年、2010 年、2012 年系列年水沙资料，概化试验水沙施放过程，分别进行自然边界条件下和边界约束条件下的冲淤试验，试验方案分别见表 4.4、表 4.5。

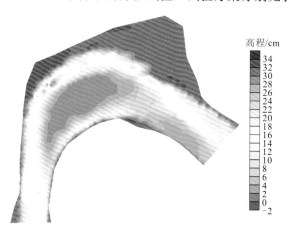

图 4.5　系列年冲淤试验初始地形

表 4.4　自然边界条件下冲淤试验方案

阶段 1/h	Q_W/(L/s)	Q_{SST}/(g/s)	H/cm
5.0	16	5.2	24.7
8.0	24	10.0	26.9
11.5	52	86.3	30.6

阶段 1/h	$Q_W/(L/s)$	$Q_{SST}/(g/s)$	H/cm
14.0	36	43.4	31.8
18.0	52	86.3	30.8
24.0	24	14.7	29.1
29.0	16	4.5	26.2
33.5	32	24.4	30.1
36.5	64	111.0	33.0
39.5	36	28.8	31.6
44.0	48	40.9	30.7
48.0	24	11.4	27.5
52.5	16	4.8	25.0
56.0	32	22.7	29.1
61.5	52	58.0	31.5
68.5	44	47.1	29.4
72.0	24	11.6	26.0
权重	34	34.3	28.9

阶段 2/h	$Q_W/(L/s)$	$Q_{SST}/(g/s)$	H/cm
76.0	16	3.5	25.9
80.5	32	29.2	28.2
84.0	56	94.2	30.7
86.5	44	61.1	28.7
91.5	36	33.1	29.6
96.0	20	7.2	26.2
99.5	16	4.3	23.6
105.0	28	14.8	26.3
108.5	52	75.7	30.5
111.5	36	41.0	28.4
116.0	48	53.2	28.6
120.0	24	11.9	26.1
128.0	20	8.6	26.7
132.5	64	105.0	34.3
137.0	72	88.0	35.4
141.0	36	38.3	30.2
144.0	20	12.0	26.0
权重	36	37.8	28.5

阶段 3/h	$Q_W/(L/s)$	$Q_{SST}/(g/s)$	H/cm
148.5	16	3.3	24.1
153.0	20	9.7	27.0
156.0	80	129.7	33.0
159.0	44	45.8	29.8
165.0	60	75.1	31.5
168.0	24	10.5	27.1
173.0	76	106.6	32.0
175.0	56	65.0	30.0
180.5	16	4.2	26.2
185.5	24	10.5	29.2
188.5	56	65.0	30.0
193.5	76	106.6	32.0
199.0	32	16.2	27.4
权重	43	47.7	29.1

表 4.5　边界约束条件下冲淤试验方案

阶段 1/h	$Q_W/(L/s)$	$Q_{SST}/(g/s)$	H/cm
5.0	16	4.5	26.2
9.5	32	24.4	30.1
12.5	64	111.0	33.0
15.5	36	28.8	31.6
20.0	48	40.9	30.7
24.0	24	11.4	27.5
28.0	16	3.5	25.9
35.0	36	28.8	31.6
39.5	32	29.2	28.2
43.0	56	94.2	30.7
45.5	44	61.1	28.7
50.5	36	33.1	29.6
54.5	64	105.0	34.3
60.5	20	8.6	26.7
65.0	64	105.0	34.3
69.5	72	88.0	35.4
73.5	36	38.3	30.2
76.5	20	12.0	26.0
权重	39	43.2	30.0

续表

阶段 2/h	Q_W/（L/s）	Q_{SST}/（g/s）	H/cm
80.0	20	9.7	27.0
84.0	80	129.7	33.0
87.0	44	45.8	29.8
93.0	60	75.1	31.5
96.0	24	10.5	27.1
102.5	60	75.1	31.5
105.5	56	65.0	30.0
110.5	76	106.6	32.0
116.0	32	16.2	27.4
权重	52	63	30
阶段 3/h	Q_W/（L/s）	Q_{SST}/（g/s）	H/cm
120.5	64	180.0	34.3
125.0	72	175.9	35.4
129.0	36	76.6	30.2
权重	58	147	33.0
阶段 4/h	Q_W/（L/s）	Q_{SST}/（g/s）	H/cm
134.5	28	6.3	29.0
139.0	48	32.6	32.7
144.5	40	18.1	30.6
权重	38	18	31
阶段 5/h	Q_W/（L/s）	Q_{SST}/（g/s）	H/cm
150.5	32	7.2	29.6
154.5	60	51.6	32.8
162.0	36	16.3	29.7
权重	40	21	30
阶段 6/h	Q_W/（L/s）	Q_{SST}/（g/s）	H/cm
164.0	20	9.7	26
167.0	80	129.7	30
170.0	44	45.8	28
176.0	60	75.1	29
178.0	24	10.5	26
权重	51	64	28

2.　自然边界条件下冲淤试验

图 4.6 为自然边界条件下不同阶段河道冲淤变化。在阶段 1 期间（加权沙流比为 1.01），整个河道局部冲淤幅度较为明显，在试验初级阶段，分流区总体呈现深槽冲刷，而边滩淤积的趋势，导致汊道进口展宽段左汊口门河床淤高约为 4～6 cm，而洲头右缘则大幅崩退，右汊口门冲深约为 6～8 cm。汊道段上游部分左汊凹岸崩退，河床冲深在

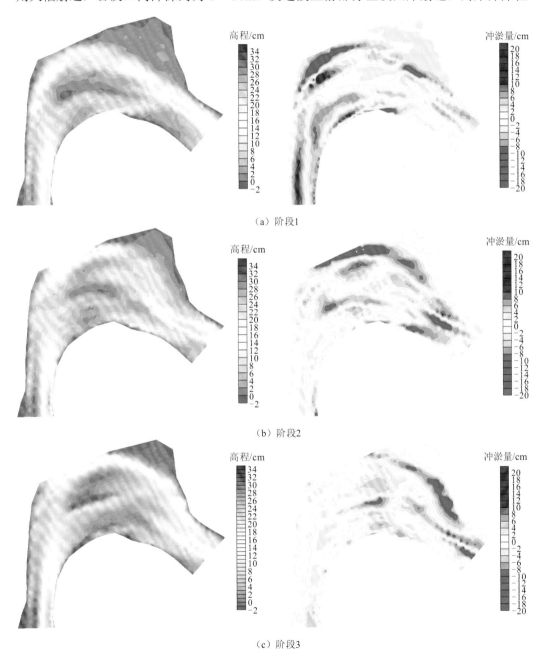

（a）阶段 1

（b）阶段 2

（c）阶段 3

图 4.6　自然边界条件下河槽冲淤变化

8 cm 以上，而江心洲左缘则淤高（2～8 cm）、外扩，下游段河床也继续刷深。右汊则表现为上游段的冲刷展宽，江心洲体受水流惯性作用增强，导致洲体冲刷（约 2～4 cm），上游流路的变化引起下游凸岸边滩水流功率减弱，从而造成整个边滩小幅淤高（约 4 cm 以内），并且这种趋势向汇流区延伸，汇流区的冲淤变化与分流区较为相似，表现为深槽冲刷，而边滩淤长。

在阶段 2 期间（加权沙流比为 1.05），河道整体冲淤变化与阶段 1 类似，但冲淤强度有所减弱。分流区依然表现为深槽轻微淤积（约 2 cm）和边滩轻微淤高（约 2 cm）。汊道段左汊口门区域持续淤高，随着凹岸持续崩退，江心洲左缘不断向外扩大。左汊主槽侵蚀区域也逐渐向下游区域转移。随着水流动力轴线逐渐向外岸摆动，江心洲洲头及右缘继续向下游崩退，但凸岸边滩水动力则有所减弱，因此而淤长外延（淤高 4 cm 以下）。随着上游江心洲洲体的持续侵蚀，推移质及水体含沙不断被运送到左汊出口及汇流区上段，在该区域不断沉积（最大约为 8 cm），右汊水流受河槽形态的影响，对主槽的侵蚀塑造作用增强。

在阶段 3 期间（加权沙流比为 1.11），上游水沙强度有所增大，但分流区的冲淤强度进一步减弱，深槽和边滩的总体冲淤幅度都较小（约-2～2 cm 内），这可能是受下游河道展宽及江心洲后移的影响。但在汊道段，左汊口门进一步向下游淤积，洲头有所淤高上延，右汊口门继续受到轻微侵蚀，但左汊主槽侵蚀位置转移至下游段（冲深约 8 cm 以上）。右汊下弯段边滩及出口有所淤高（平均约 4 cm），汇流区深槽侵蚀强度增加。

图 4.7 为阶段 1、阶段 2、阶段 3 各时期沿程典型横断面冲淤变化过程。CS6 断面位于分流区进口展宽段，其断面形态总体偏 "W" 形。在阶段 1 时期内，断面形态发生较大变化，深泓点由凹岸 70 cm 位置转移至凸岸 270 cm 位置，洲头转移至凹岸侧，之后两个时期进入平稳过渡阶段，主要表现为左汊河槽的微淤及右汊河槽小幅刷深，深弘点逐渐左移。CS8 断面位于江心洲上段，其断面形态变化类似 CS6，阶段 1 时期，洲体大幅冲刷，之后两个时期，左汊河槽不断淤高，在阶段 2 之后深弘点位置也由左汊转移至右汊。CS11 断面位于江心洲中部，阶段 1 时期内，江心洲右岸大幅崩退，原有右汊河槽迅速淤高成为边滩，深泓点向凹岸移动，而凹岸崩退约 100 cm，江心洲左岸向凹岸推移。之后两个时期主要表现为两汊河槽深弘点的下移。CS14 断面位于江心洲尾部，阶段 1 时期内，主要表现为左汊河槽的淤高（约 8 cm），阶段 2 和阶段 3 时期，凹岸崩退约 200 cm，原有左汊河槽不断淤高，而江心洲右岸同样持续崩退，最终形成左汊 "窄深" 而右汊 "宽浅" 的河槽形态。CS19 位于汇流区，断面形态呈 "V" 形，前两个时期主要表现为河槽的持续刷深（约 6 cm），而阶段 3 时期，流量和输沙量的增加，汇流区水流动力轴线向凹岸偏移，导致岸线崩退约 250 cm，深弘点位置也由 350 cm 位置转移至 60 cm 处，原有河槽淤积为边滩。

从图 4.8 中可看出三个阶段河道沿程累计的冲淤变化，阶段 1 和阶段 2 时期分汊河道沿程冲淤呈现较为一致的变化趋势，在分流区及汊道段中上段往往处于一种冲淤平衡的状态，而汊道段下段及出口区域冲刷量往往大幅提升，阶段 2 比阶段 1 更为明显，变化幅度约为 3 m³，这可能是汇流区河道缩窄增强了水流惯性力和顶托作用的缘故。而在

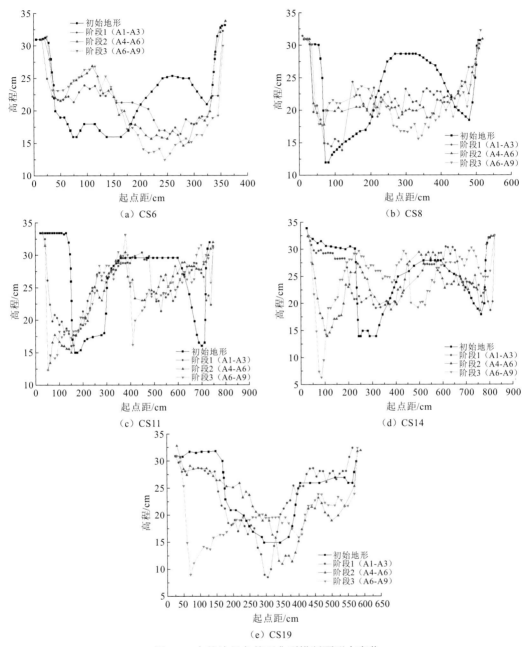

图 4.7　自然边界条件下典型横断面形态变化

阶段 3 时期，上游水沙条件有所增强，加权沙流比增加，分流区及汊道段中上段总体为微冲态势（0.3 m³），主要为凸岸主槽的冲刷，而汊道段及出口区域则转为淤积趋势（淤积量约为 2 m³），主要为凸岸边滩的大幅淤长，汇流区又转为冲刷态势。

图 4.9 反映了分汊河道随着时间不同流量级条件下的左汊分流比变化，尽管在三个阶段时期，不同流量级条件下的左汊分流比随时间具有减小的趋势，但基本都维持在 50%～70%。随着时间推移，枯水期流量级条件下左汊分流比减小趋势更为明显，而平

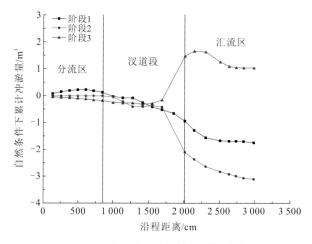

图 4.8　自然边界条件下沿程累计冲淤量

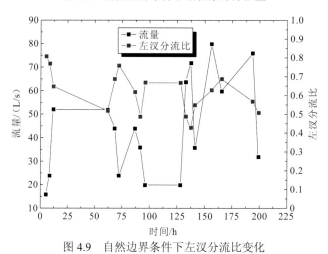

图 4.9　自然边界条件下左汊分流比变化

滩期流量级以上的高水流量级条件下,左汊分流比减小趋势程度有所减弱。这说明左汊河槽逐渐向淤浅化发展,而右汊河槽在不断拓宽、刷深。

　　总体来看,江心洲与两岸边滩共同构成分汊河段的平面形态,共同起着控制河势的作用。对于以凹岸侧汊道为主汊的自然条件下的弯曲分汊河道,江心洲的形态与平面位置是不稳定的。首先河道演变符合弯曲型河道的演变模式,分流区河道主要表现为"滩淤槽冲",江心洲洲头的摆动控制着两汊分流比例,决定了主支汊的交替转换。江心洲凹岸洲缘的不断外扩及凹岸的不断崩退,逐渐缩窄了凹岸侧主汊口门宽度,同样地,江心洲凸岸洲缘的崩退增加了凸岸支汊口门宽度,这些使得弯曲分汊河道在初期阶段表现为弯道上段两汊河槽的侵蚀。在河道演变的过渡阶段,凸岸侧支汊口门及主槽不断侵蚀,同时下弯段边滩不断淤积,凹岸侧主汊口门不断缩窄并逐渐淤积,侵蚀位置逐渐向下弯段过渡,随着江心洲洲尾形态的稳定,江心洲洲头及洲体开始淤高并有所上延,主汊向凸岸侧转换的趋势也更为明显。

3. 边界约束条件下冲淤试验

图 4.10 为边界约束条件下不同阶段河道冲淤变化。在阶段 1 时期（加权沙流比为 1.11），整个河道总体呈现微冲态势，分流区依然表现为"滩淤槽冲"，而分流区下游主要是凸岸侧主槽及江心洲体的冲刷，但冲淤幅度较小（约 4cm），凸岸下段边滩有所淤高外延。江心洲中上段左缘也有一定程度的淤积（约 4cm），但洲头摆动及崩退幅度大幅减弱。

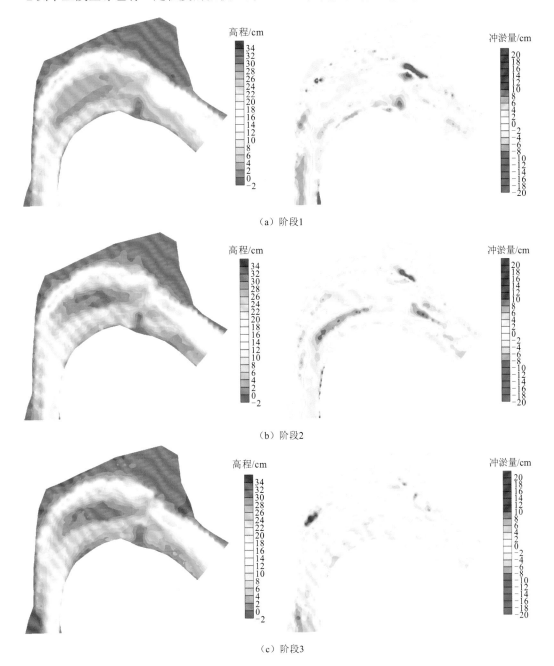

（a）阶段 1

（b）阶段 2

（c）阶段 3

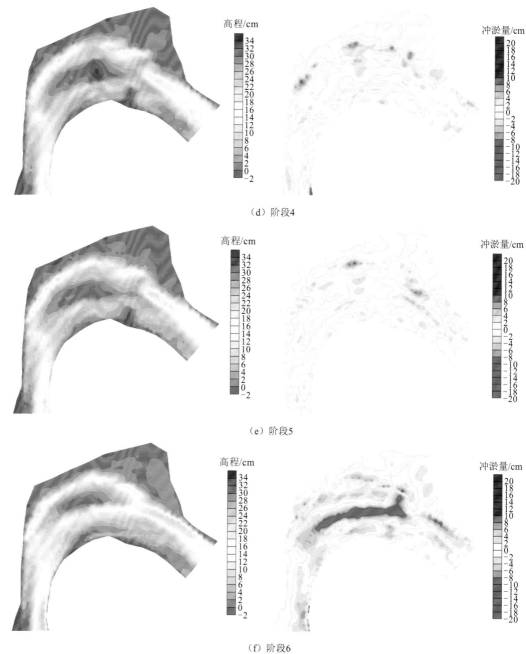

（d）阶段4

（e）阶段5

（f）阶段6

图 4.10　边界约束条件下河槽冲淤变化

在阶段 2 时期（加权沙流比为 1.21），水流速度的增大加速了江心洲洲头的崩退，右汊进口区域主槽和洲头右缘受到的侵蚀强度明显增加，但加权沙流比的增加，使得江心洲体及左缘水流挟沙能力难以满足水体内较高的含沙量，加之洲头泥沙向后推移，造成这两个区域大范围的淤积（约 4cm），同时也造成凸岸下段至汇流区的边滩大幅淤长外延。

在阶段 3 时期（加权沙流比为 2.53），来沙量增大一倍，可以看出，整个河道处于淤积趋势（约 2 cm），而较强的沉积过程主要发生在左汊进口的洲头区域（约 8 cm 以上）和凸岸边滩区域（约 2～4 cm）。

阶段 4（加权沙流比 0.47）和阶段 5（加权沙流比 0.53）属于小水小沙状态，尤其是来沙量大幅降低，但从整体冲淤变化来看，河道处于一种冲淤平衡的状态，冲淤厚度基本维持在 -2～2 cm，不同的是汇流区在阶段 4 时期整体淤积而在阶段 5 又转为整体冲刷，这可能是平滩流量作用时间增加的缘故。

在阶段 6 时期（加权沙流比为 1.26），水沙强度又重新加强后，河道整体处于大幅冲刷态势。汊道段的冲淤过程最为明显，右汊河槽整体大幅冲深，而江心洲左缘也整体淤长外延。上游水流动力轴线的摆动，使得凸岸下段及汇流区边滩维持淤长外延。

图 4.11 为 6 个时期沿程典型横断面冲淤变化过程。CS6 断面位于分流区进口展宽段，其断面形态总体偏“W”形。在阶段 1 时期内，中、低流量过程并未使断面形态发生较大变化，仅有洲头右缘的轻微侵蚀。而在阶段 2 时期，平滩流量以上水流作用时间增加，洲头完全被冲刷，而左汊口门区域开始淤高（约 5 cm），阶段 3 时期的高强度来沙加速了左汊口门心滩的淤长，阶段 4、阶段 5 的小水小沙过程对断面形态塑造作用不明显，但阶段 6 时期，主要表现为心滩右岸的冲刷崩退，并刷深了右汊河槽。CS8 断面位于江心洲上段，其断面形态变化类似 CS6 断面，但从阶段 1 开始，江心洲左缘就开始淤长外扩，之后主要是左汊河槽的冲深（约 7 cm），右汊主槽则持续处于向外岸移动的趋势。CS11 断面位于江心洲中部，在阶段 1、阶段 4、阶段 5 时期，断面变化不明显，主要变化集中于阶段 2、阶段 3、阶段 6 时期，尤其是在阶段 2 和阶段 6，江心洲右岸大幅崩退，右汊河槽深泓点左移约 240 cm，同时伴有一定程度的冲深。CS14 断面位于江心洲尾部，其断面形态在各时期的变化类似于 CS11 断面。CS19 位于汇流区，断面形态呈“V”形，断面形态的主要变化集中于阶段 2、阶段 3、阶段 6 时期，主要表现为河槽的持续刷深（约 8 cm），随着洲体右缘及洲尾的持续崩退，出口位置水流逐渐趋直，汇流区河槽深弘点也逐渐向外岸偏移（约 250 cm）。

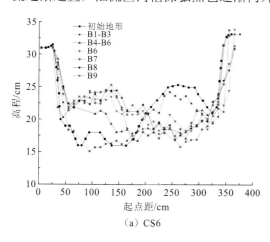

(a) CS6

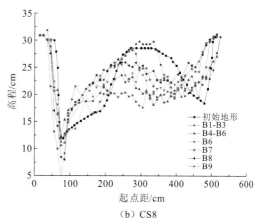

(b) CS8

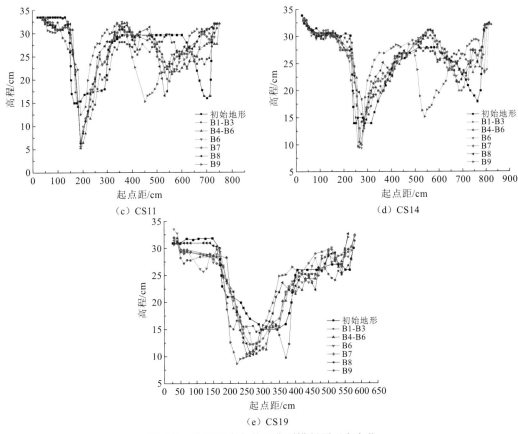

（c）CS11　　　　　　　　　　　（d）CS14

（e）CS19

图 4.11　边界约束条件下典型横断面形态变化

从图 4.12 中可以看出 6 个阶段河道沿程累计的冲淤量，阶段 1（中水中沙）时期属于试验初期阶段，分汊河道沿程处于持续侵蚀的态势，其中分流区及汊道段为缓慢侵蚀区，而汇流区侵蚀强度明显增加。在阶段 2（大水中沙）时期，尽管水沙强度均大幅增加，河道沿程处于冲淤平衡的状态。在阶段 3（大水大沙）时期水沙强度增加，尤其是

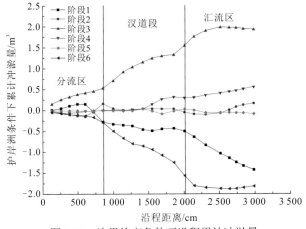

图 4.12　边界约束条件下沿程累计冲淤量

来沙量，河道沿程呈现持续淤积的态势（累计冲淤量为 2.2 m³）。在阶段 4、阶段 5（中水小沙）时期，水沙量均大幅减少，尤其是来沙量大幅减少，河道沿程复归于冲淤平衡状态。但经历阶段 6 的大水中沙作用后，尽管分流区和汇流区河道冲淤平衡，但汊道段沿程大幅冲刷（约 1.8 m³）。

图 4.13 反映了分汊河道随时间不同流量级条件下的左汊分流比变化，相比自然边界条件，河床边界被约束后，左汊分流比随着时间的减小趋势更为明显，特别是平滩期流量级以上的大流量级条件。而中小水流量级条件下的左汊分流比减小幅度反而更小。可以看出，河槽在经历 6 个阶段之后，高水期流量级下的左汊分流比已经由开始的 60%～70%缩减为 30%～40%，尽管中枯水期流量级下的左汊分流比仍然占有优势。

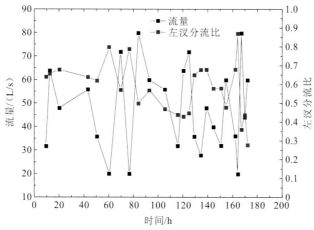

图 4.13　边界约束条件（护岸洲条件）下左汊分流比变化

总体来看，与自然边界条件相比，受到约束后的边界对江心洲平面形态变化起到一定的约束作用。在不同水沙条件下，分流区河床的冲淤变化特性与自然条件相类似，江心洲洲头依然决定了主支汊交替转换。6 个阶段不同水沙组合的持续冲刷，河道形态的变化反映了平滩期流量（造床流量）级以上的高水流量是河床平面形态变化的关键因子，而在沙流比为 1.2 左右水沙组合条件下，加速了弯曲分汊河道主支汊易位，这可能体现在对江心洲洲头及凸岸侧洲缘的侵蚀增强，而水体泥沙又可以迅速满足凸岸边滩及江心洲凹岸侧洲缘的沉积扩张。稳定的河岸边界使得洲尾的平面形态及位置较为稳定，这也可能使洲头相对遭受的水流侵蚀作用更为强烈，随着凸岸侧汊道口门的不断扩大，主流开始回归凸岸侧汊道，而左汊水流动力的减弱及江心洲水深的减小使得左汊河槽及洲体逐渐淤高并向上游延伸，这更进一步淤塞左汊口门，减小左汊分流，最终完成主、支汊的转换。

4.3　本 章 小 结

通过对来沙量减少条件下弯曲分汊河道演变规律的研究，得出如下结论。

（1）水深的大小决定了洲头及洲尾形态的空间变化，中小水流量对主河槽的塑造作用较为明显，洲头低滩及右缘更易受到侵蚀，但洲尾及凸岸边滩中下段的冲刷强度明显不足；高洪水流量有利于江心洲边缘及凸岸边滩侵蚀，而洲头低滩则更易沉积。弯曲曲率对江心洲形态变化的影响有待进一步研究。

（2）江心洲与两岸边滩构成分汊河段的平面形态，共同起着控制河势的作用。分流区河道主要表现为"滩淤槽冲"，江心洲洲头的摆动控制着两汊分流比，决定了主支汊的交替转换。对以凹岸侧汊道为主汊的弯曲分汊河道，江心洲的形态与平面位置是不稳定的。

（3）与自然边界条件相比，受到约束后的边界对江心洲平面形态变化起到一定的约束作用。在不同水沙条件下，河道形态的变化反映了平滩期流量（造床流量）级以上的高水流量是河床平面形态变化的关键因子，而在沙流比为 1.2 左右水沙组合条件下，会加速弯曲分汊河道主支汊易位。

第5章

弯曲分汊河道水沙运动与河床演变耦合作用机制

　　弯曲分汊河道的演变是水沙运动与河道边界相互作用的结果，无论是水沙条件发生变化还是河道边界条件发生变化，均会引起分汊河道的演变且出现新的特性。本章主要通过水沙运动特性分析与第3~4章关于来沙量减少条件下分汊河道冲淤演变的计算分析成果与试验成果，综合研究弯曲分汊河道水沙运动与河床演变之间的耦合作用机制。

5.1　一维水沙运动特性

5.1.1　断面平均流速的沿程变化特征

利用监利乌龟洲分汊河段 1998 年、2003 年、2011 年的实测地形，计算不同流量级条件下的沿程断面水力因素，并计算不同流量级之间（自小到大）的断面过流面积与断面平均流速的增量，见图 5.1、图 5.2。

由图可知，监利乌龟洲弯曲分汊河段在不同年份的地形情况下，沿程断面过流面积、断面平均流速及其两者的增量表现的规律基本一致，但变化幅度存在一定的差异，主要是因为河道地形冲淤变化所致。

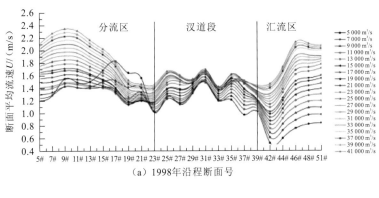

（a）1998年沿程断面号

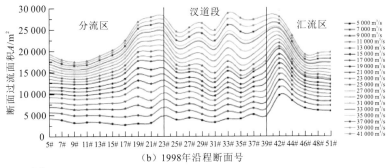

（b）1998年沿程断面号

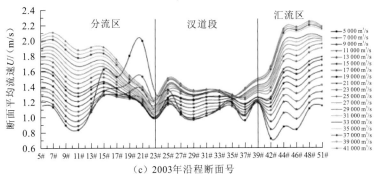

（c）2003年沿程断面号

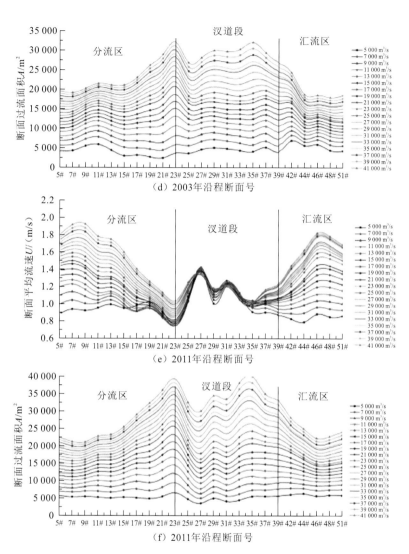

图 5.1　不同流量级条件下监利乌龟洲分汊河段沿程断面流速与面积变化

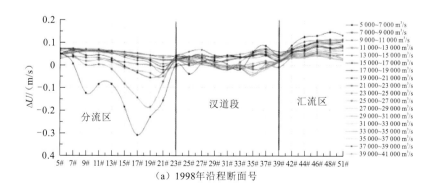

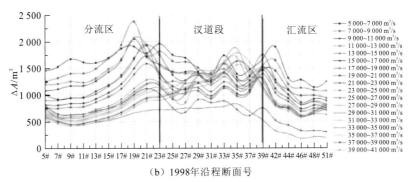

（b）1998年沿程断面号

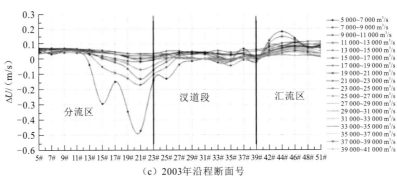

（c）2003年沿程断面号

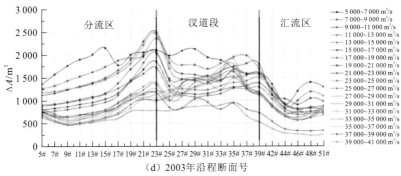

（d）2003年沿程断面号

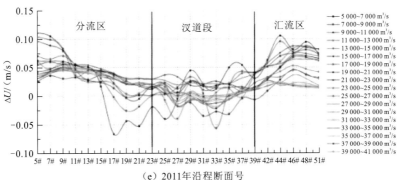

（e）2011年沿程断面号

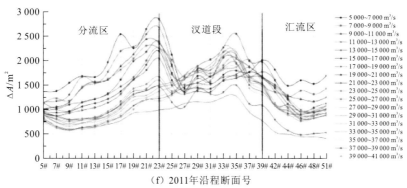

图 5.2　不同流量级条件下监利乌龟洲分汊河段沿程断面平均流速与断面过流面积增量变化

在小水小流量时，该分汊河段沿程断面的过流面积相差较小，随着流量的增大沿程断面过流面积也增大，但增大幅度不同，分流区中上段与汇流区中下段的断面过流面积随流量的增量小于汊道进出口段及汊道段，这与河道平面形态变化有关，位于汊道进出口段及汊道段的断面河宽较大，水位增量相当条件下断面过流面积随河宽的增大而增大。

在小水小流量时，分汇流区的断面平均流速较汊道段小，但随着流量增加分流区中上段、汇流区中下段的断面平均流速增量较汊道进出口段及汊道段大，汊道进口段及汊道段的断面平均流速增量相对较小。总体而言，分流区断面平均流速随着流量增加沿程减小，汊道段断面平均流速随流量增加沿程呈起伏状，增幅不一。三峡工程蓄水运用以来的 2011 年地形汊道段断面平均流速随流量增加变化不明显，汇流段横断面平均流速随流量的增加沿程增大。

中小水流量条件下，随着流量的增加，断面过流面积增量自分流区开始沿程增大至汊道段的中下段，随后随流量增大沿程增量减小；洪水情况下，分流区的断面过流面积增量沿程增加，汊道段先减小再呈起伏状，汇流区沿程减小。分流区随着流量的增加，沿程断面平均流速增量以负值为主，汊道段断面平均流速增量有正有负，汇流区沿程以正为主。

5.1.2　断面平均挟沙能力的沿程变化特征

利用张瑞瑾悬移质水流挟沙能力公式分别计算了不同河道地形条件及不同流量级条件下的沿程断面水流挟沙能力（图 5.3）。公式如下：

$$S_* = k \left(\frac{U^3}{gH\omega} \right)^{m_1} \tag{5.1}$$

式中：S_* 为悬移质水流挟沙力，kg/m³；k 为水流挟沙能力系数；m_1 为水流挟沙能力指数；U 为断面平均流速，m/s；H 为断面平均水深，m；g 为重力加速度，m/s²；ω 为泥沙沉降速度。

根据原型观测资料，三峡工程蓄水运用前，监利站悬移质泥沙多年平均中值粒径约 0.009 mm；三峡工程蓄水运用后，监利站悬移质泥沙多年平均中值粒径明显粗化，其值约为 0.05 mm。

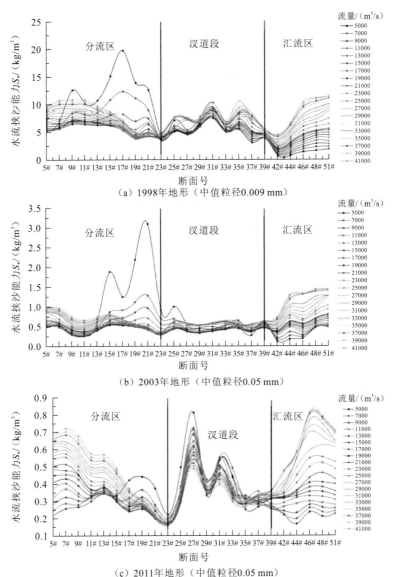

图 5.3　不同年份监利河段沿程各断面水流挟沙能力沿程变化对比

由于监利站悬移质泥沙中值粒径 $d_{50} < 0.062\,\text{mm}$，泥沙沉降速度公式选用斯托克斯（Stokes）公式计算，公式如下：

$$\omega = \frac{1}{18}\frac{\gamma_s - \gamma}{\gamma}\frac{gD^2}{\nu} \tag{5.2}$$

式中：γ_s 为泥沙重度，N/m^3；γ 为水重度，N/m^3；g 为重力加速度，m/s^2；D 取中值粒径 d_{50}，m；ν 为运动黏滞系数，本书取 10^{-6}，m^2/s。

由图 5.3（a）可知，三峡工程蓄水运用前，因悬移质泥沙的中值粒径比较细，监利乌龟洲分汊河段沿程横断面水流挟沙能力较强，分流区表现为在流量为 11 000 m^3/s 左右，沿程水流挟沙能力差别不大，当流量小于 11 000 m^3/s 时沿程水流挟沙能力呈增加趋势，流量越小增加幅度越大，当流量大于 11 000 m³/s 时沿程水流挟沙能力呈减小趋势，流量越大，减小幅度也越大；汊道段沿程水流挟沙能力呈现起伏状变化，且断面水流挟沙能力随流量增加呈增大趋势，但在洪水流量超过 29 000 m³/s 时，断面水流挟沙能力变化较小或有所减小；汇流区沿程则呈现先减小后增大的变化特征，而且汇流区中下段随着流量增大水流挟沙能力增幅较大。

　　三峡工程蓄水运用后，上游来沙量大幅度减少，坝下游河道沿程冲刷，监利乌龟洲分汊河段悬移质年均输沙量明显减少，粒径变粗。由图 5.3 中（b）、（c）可知，该河段悬移质水流挟沙能力的变化规律与三峡工程蓄水前类似，但因来沙减少与粒径偏粗以及河道断面形态调整及冲淤影响，计算的水流挟沙能力明显偏小，而且 2011 年与 2003 年相比又进一步减小。这可能就是河道水沙平衡被打破后，通过河床粗化、河床形态调整及冲淤变化来逐步趋向新的平衡。

5.2　二维水沙运动特性

5.2.1　推移质输沙率公式修正及检验

　　三峡工程蓄水运用后下泄的水沙过程发生显著变化，尤其是下泄的泥沙量大幅减少，粒径也明显变粗。例如，宜昌站的悬移质输沙量在三峡工程蓄水运用后（2006～2014年）仅为蓄水前（1950～2002 年）的 5.6%，使得荆江河段推移质输沙量所占比例大幅增加，同时推移质的粒径相对较粗，其对河床演变的影响与造床作用也会显著增加。监利站 2009～2014 年的多年平均推移质输沙量为 317.2×10⁴ t，各年输沙量变幅相对沙市站要小，推移质泥沙输移主要集中在汛期 5～10 月，监利站 5～10 月的输沙量为 152.6×10⁴ t，占全年的 78.6%。监利站 2009～2014 年的推移质中值粒径变化范围在 0.185～0.212 mm，平均中值粒径为 0.199 mm，中值粒径总体变化不大，见图 5.4。

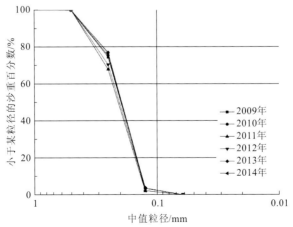

图 5.4　监利站多年平均推移质泥沙级配曲线

本小节收集整理的数据来源于上荆江的沙市站、下荆江的监利站的实测数据共 380 组，主要包括流量、平均流速、平均水深、水面宽度等水流与断面要素，以及推移质泥沙输沙率、推移带宽度、泥沙级配等泥沙资料。有关水流条件、断面要素与推移质输沙率及中值粒径的实测资料变化范围见表 5.1[35]。

表 5.1 沙市与监利水文站实测资料变化范围统计

水文站	实测资料组数	流量/(m³/s)	平均流速/(m/s)	平均水深/m	水面宽度/m	推移质泥沙输沙率/(kg/s)	推移质中值粒径 d_{50}/mm
沙市站	259	3 930～35 400	0.63～2.26	5.2～17.5	791～1 190	9.68～573.46	0.158～0.331
监利站	121	5 850～30 700	0.89～1.94	6.7～14.6	764～1 270	10.52～454.15	0.193～0.258

经过对比分析各种推移质公式，选用以 Bagnold 的水流功率概念和相似理论推导出的 Engelund-Hansen 推移质泥沙输沙率公式[36]进行计算，公式如下：

$$G_{\mathrm{b}} = 0.05 \rho_{\mathrm{s}} U^2 \left[\frac{d_{50}}{g\left(\frac{\gamma_{\mathrm{s}}}{\gamma}-1\right)} \right]^{1/2} \left[\frac{\tau_0}{(\gamma_{\mathrm{s}}-\gamma)d_{50}} \right]^{3/2} \tag{5.3}$$

式中：G_{b} 为推移质输沙率，kg/s；U 为断面平均流速，m/s；d_{50} 为中值粒径，m；τ_0 为床面平均水流切应力，Pa；γ_{s} 为泥沙重度，N/m³；γ 为水重度，N/m³；ρ_{s} 为泥沙密度，kg/m³；g 为重力加速度，m/s²。

图 5.5 为沙市站与监利站实测输沙率与 Engelund-Hansen 推移质泥沙输沙率公式计算值的对比。由图可知，Engelund-Hansen 推移质泥沙输沙率公式的计算值与实测值偏离较大，总体相差达一个数量级。虽然式（5.3）的计算值相比实测值总体偏大，但是推移质泥沙输沙率随流量的变化趋势与实测值相似。因此，可以通过对公式的修正来提高公式计算精度。

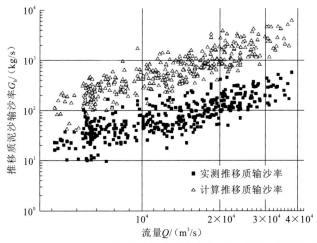

图 5.5 Engelund-Hansen 推移质泥沙输沙率公式计算值与实测值对比

图 5.6 为相同水流条件下 Engelund-Hansen 推移质泥沙输沙率公式计算值与实测值之间的关系。对 Engelund-Hansen 推移质泥沙输沙率公式计算值与实测值进行线性拟合，可得到关系式为

$$g_\text{实} = 27.713\,1 + 0.087\,7\,6 \times g_\text{计} \tag{5.4}$$

式中：$g_\text{实}$ 为实测的推移质泥沙单宽输沙率，g/(s·m)；$g_\text{计}$ 为 Engelund-Hansen 推移质泥沙输沙率公式计算的推移质泥沙单宽输沙率，g/(s·m)。

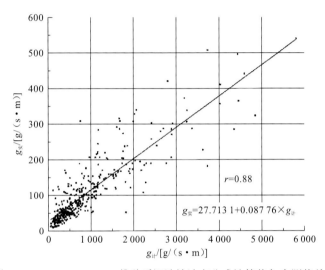

图 5.6　Engelund-Hansen 推移质泥沙输沙率公式计算值与实测值关系

通过拟合关系式（5.2）与实测值的相关系数计算，可得到 $r = 0.88$，为高度相关。由式（5.4）和式（5.5）可知，修正后的 Engelund-Hansen 推移质泥沙输沙率公式为

$$G_\text{b} = 27.713\,1 + 4.39 \times 10^{-3} \rho_\text{s} U^2 \left[\frac{d_{50}}{g\left(\dfrac{\gamma_\text{s}}{\gamma} - 1\right)} \right]^{1/2} \left[\frac{\tau_0}{(\gamma_\text{s} - \gamma)d_{50}} \right]^{3/2} \tag{5.5}$$

式中：U 为断面平均流速，m/s；d_{50} 为中值粒径，m；τ_0 为床面平均水流切应力，Pa；γ_s 为泥沙重度，N/m³；γ 为水重度，N/m³；ρ_s 为泥沙密度，kg/m³；g 为重力加速度，m/s²。

5.2.2　推移质输沙平面分布特性

利用修正的 Engelund-Hansen 推移质泥沙输沙率公式，结合概化模型试验观测的流速数据，计算了监利河段沿程推移质泥沙单宽输沙率大小，以分析弯曲分汊河道推移质泥沙输沙率空间分布特性（图 5.7）。

总体来看，推移质主输沙带主要分布于靠右岸的主槽区域，分流区主输沙带较汊道段及汇流区更宽，其主输沙带宽及位置与主流线分布密切相关，随着流量增大，推移质输沙带宽度及推移质输沙强度均有所增加。分流区及左汊（支汊）推移质输沙强度均随着流量的

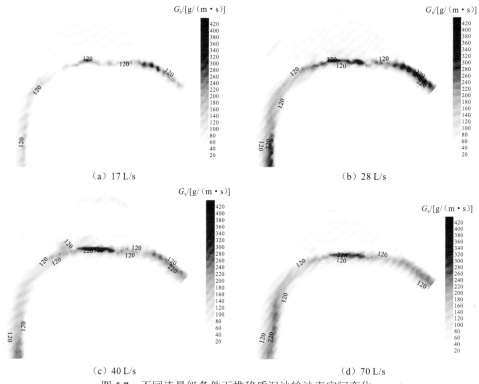

（a）17 L/s　　　　　　　　　　（b）28 L/s

（c）40 L/s　　　　　　　　　　（d）70 L/s

图 5.7　不同流量级条件下推移质泥沙输沙率空间变化

增大而增强，但分流区推移质输沙率沿程减小，左汊（支汊）高推移质输沙率主要分布于近左岸区域；右汊推移质输沙强度往往大于分流区及汇流区，这与其过流面面积减小、流速增大有关。对比不同流量级条件下的推移质输沙带分布，洪水期流量级（70 L/s）和平滩期流量级（40 L/s）条件下，推移质输沙强度在分流区与右汊进口展宽段相对中水流量级条件明显减小，而在中水条件下，左汊口门及汇流区推移质输沙强度均有所增大。

5.2.3　悬移质水流挟沙能力平面分布特性

弯曲分汊河道水流挟沙能力平面分布与主流位置及河道形态关系密切，高强度的水流挟沙能力主要分布于主槽区域（包括主汊），由于水流惯性作用增强，其水流挟沙能力也相应增强。在平滩期流量级及洪水期流量级条件下，高水流挟沙能力主要分布于分流区中、上段及右汊（主汊）中、下段，且在弯道进口至分流区上段，水流挟沙能力分布往往浅滩大于深槽，并且随着流量增大，这种趋势更为明显，并向下游延伸。在分流区展宽段水流挟沙能力明显减弱，最大约为 0.6 kg/m³（洪水期流量级为 70 L/s），左汊（支汊）进口区域水流挟沙能力也大幅减弱。随着流量减小，高水流挟沙能力分布随着向下游移动而逐渐减弱。但分流区展宽段水流挟沙能力相对大流量增强，最大约为 0.9 kg/m³（枯水期流量级为 17 L/s），右汊（主汊）高水流挟沙能力逐渐向凸岸侧偏移。汇流区水流挟沙能力随着流量增大而增强，并且向右岸边滩转移（图 5.8）。

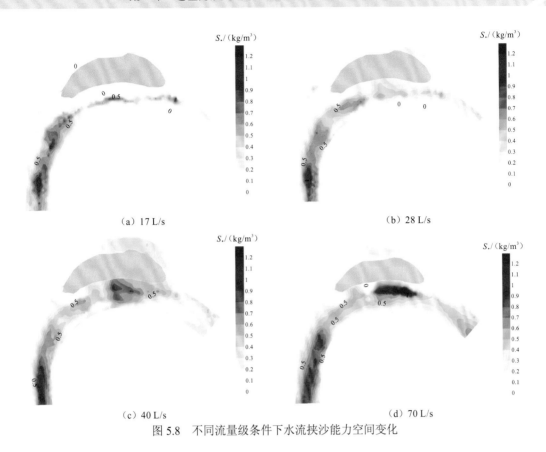

（a）17 L/s　　　　　　　　　　　　　　　　（b）28 L/s

（c）40 L/s　　　　　　　　　　　　　　　　（d）70 L/s

图 5.8　不同流量级条件下水流挟沙能力空间变化

5.3　水沙运动与河床演变耦合作用分析

河床高程差的存在是水流运动及泥沙输移的根本原因，河道纵比降是水流运动强度及泥沙纵向输移的直接反映。从不同流量级下河道纵比降的沿程变化来看（图 5.9），纵比降在分流区呈"洪大枯小"，汇流区呈"洪小枯大"的总体特征，汊道段比降比分、汇流区总体偏大。同时河道的比降与流量具有密切的关系：在流量较小的枯水期比降较小，涨水时随流量的增加而增大，直至洪水期达到较大值，然后随流量减小而变小；涨水期与落水期比降相差不大。

河道在多年平均流量级条件下的比降，基本上代表了河流的平衡比降。洪水期大流量级条件下水流总体具有较大的挟沙能力，对河道演变、河床形态塑造将产生较大的影响，而同期含沙量也较大，因而洪水期的河道往往处于水流挟沙能力与含沙量均为较高水平情况下相互作用，从而对河床往往产生大冲或大淤的作用。相反，枯水期小流量下水流挟沙能力较低，与较小含沙量的相互作用处于较低水平，河床冲刷或淤积的强度和幅度一般也较小。

根据监利乌龟洲分汊河段不同年份的河道地形，计算的不同流量级条件下沿程断面水流挟沙能力可看出（图 5.8），枯水期小流量时，分流区悬移质水流挟沙能力沿程增大，

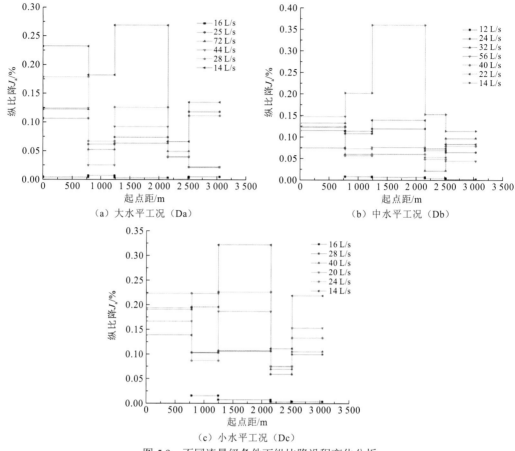

（a）大水平工况（Da）

（b）中水平工况（Db）

（c）小水平工况（Dc）

图 5.9　不同流量级条件下纵比降沿程变化分析

若上游来沙小于其水流挟沙能力时，就会产生冲刷，且在分流区下段冲刷更为剧烈，这有利于江心洲上游局部心滩的冲刷；随着流量的增加，分流区悬移质水流挟沙能力沿程差值逐渐缩小，但流量增加至某一特征流量时（监利乌龟洲分汊河段为 $11\,000\sim17\,000\,\mathrm{m^3/s}$），分流区沿程悬移质水流挟沙能力变化不大；当超过这个特征流量后，分流区水流挟沙能力随着流量增大沿程减小，这样容易在分流区中下段产生淤积，形成洲头心滩；汊道段水流挟沙能力总体随着流量的增大而增大，但沿程呈起伏状，说明汊道段在自然条件下沿程冲淤交替，也反映了汊道段演变是一个江心洲与边滩崩退与淤长相互伴生的过程；汇流区水流挟沙能力随着流量的增大而增大，沿程也不断增大，汇流区上段水流挟沙能力变化幅度相对较小，但汇流区中下段在洪水期水流挟沙能力强，因此洪水期有利于汇流区中下段的冲刷。推移质输沙率的沿程分布也呈现类似的特征（图 5.7）：推移质泥沙输沙存在明显的主输沙带，而且在中水流量时主输沙带的沿程输沙能力基本一致，在洪水期时、枯水期小流量时主输沙带的输沙能力沿程存在差异，这样就会出现沿程冲淤变化。即弯曲分汊河道存在一个特征流量，在此流量下，无论是悬移质还是推移质，都呈现沿程输移能力基本一致的特性，从而可实现整个河道的基本冲淤平衡；在低于此流量的小水期或者高于此流量的大水期，悬移质挟沙能力及推移质输沙率在不同的流量级下呈现不同的沿程变化特征，这是造成弯曲分汊河道沿程冲淤不均匀的根本原因。

在悬移质输移的横断面分布特性上，分流区主流带与水体含沙量呈现明显异位：分流区主流带偏靠右岸主槽处，但主槽部位的含沙量却明显少于两岸边滩处；结合汊道分流区泥沙平均中值粒径的平面分布（图 5.10），主槽及右岸边滩区域悬移质总体偏粗。在相对小流速、大含沙量、大悬沙粒径的综合作用下，必然会造成分流区右岸边滩区域的淤积。分流区越靠近洲头，其水流运动越复杂，二次流作用越强，在一定程度上促进了支汊的淤积。

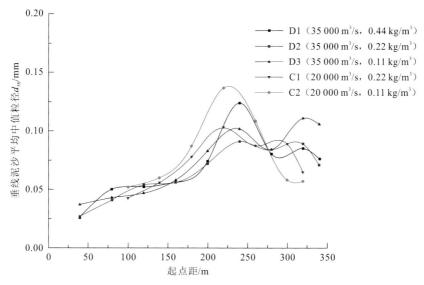

图 5.10　CS6 断面（汊道分流区）垂线泥沙平均中值粒径

由于运动特性的差异，相对于悬移质，推移质输移更敏感于水流强度的调整。因此推移质输沙主要集中在主流带附近，并且随流量的变化沿河道分布特性也在变化：洪水期及平滩期流量级下，水流动力轴线趋直，且向河床中部摆动，断面平均流速分布较为均匀，分流区中上段推移质输沙带宽增加，断面平均流速随河道展宽逐渐减小，且减幅较大，在分流区下段至右汊口门，推移质输沙能力降低，易造成口门淤积。从监利乌龟洲分汊河段 1980～1987 年的乌龟洲变化也可以看出，在大水大沙年长期作用下，右汊逐渐淤积萎缩。中水年，由于水流主要走主槽，断面平均流速增大，推移质输沙能力沿程在深泓位置增强，随着流量降低，推移质输沙能力逐渐减弱，这说明弯曲分汊河道推移质输沙能力与流量及河道形态关系密切，可以认为平滩期流量级是产生较大变化的节点，在中水期流量级，推移质输沙能力比洪水期流量级更强烈，对主河槽的塑造作用明显。总体来说，弯曲分汊河道的流速平面分布特征随着流量的变化呈现明显差异，在流速平面分布的影响下，悬移质及推移质输沙均呈现沿程、沿断面非均匀分布的现象。

从 4.2 节动床概化模型试验成果来看，丰水年（1998 年）来沙量大，分流区总体呈淤积趋势，与大水大沙分流区淤积严重的规律相一致，江心洲洲头变大水流顶冲冲刷后退，右岸边滩淤积，汊道段洲尾冲刷，左汊略有淤积，汇流区呈冲刷态势，与计算水流挟沙能力在汇流区的变化特性相一致。中水年（2010 年）、枯水年（2006 年）因来沙量偏少，分流区呈冲刷趋势，汊道段冲淤互补，汇流区则总体淤积，这与上述水流挟沙能力在汇流区的变化特性是一致的。

5.4　水沙运动与河道边界的耦合作用

分析河流的冲刷、淤积或平衡的问题，要以明确水流挟沙能力作为前提。由张瑞瑾水流挟沙能力公式可知 $S_* = k\left(\dfrac{U^3}{gH\omega}\right)^{m_1}$（此处 U、H、S_*、ω、m_1 分别为断面平均流速、水深、悬移质水流挟沙能力、泥沙沉降速度、水流挟沙能力指数），其中挟沙因子（U^2/gH）大小直接影响水流挟沙能力的强弱，挟沙因子越大，水流挟沙能力越强。当研究河段的水流挟沙能力低于上游来沙量，河段将经历淤积过程；相反，若河段水流挟沙能力高于上游来沙量，水流将通过冲刷河床上的泥沙恢复水流的挟沙能力。由此可见，河段内水流挟沙能力与含沙量的关系应是河床演变的一个重要原因。姚仕明等[8]研究认为，弯曲型分汊河道分流区段的挟沙因子在不同时期沿程变化不同，在洪水期，挟沙因子沿程减小，主汊侧的挟沙因子大于支汊侧；在中水期，挟沙因子在分流区下端减小；在枯水期，挟沙因子沿程增加，主汊侧增幅大于支汊侧。

图 5.11 为三峡工程蓄水运用后天兴洲汊道段的典型断面的含沙量等值线分布。由图可知，天兴洲分流区与汊道段的断面含沙量总体随着流量的减小而减小，含沙量垂线分布表现为上小下大，流量越大，其含沙量沿垂线分布越不均匀。在洪水期，分流区支汊侧的平均含沙量为 0.45 kg/m³，主汊侧的平均含沙量为 0.25 kg/m³，分流区支汊侧平均含沙量要高于主汊侧，汊道段支汊断面的平均含沙量为 0.45 kg/m³，主汊断面的平均含沙量为 0.3 kg/m³，支汊平均含沙量高于主汊；在中水期，河段内含沙量明显减小，分流区支汊侧的平均含沙量为 0.12 kg/m³，主汊侧的平均含沙量为 0.06 kg/m³，支汊侧的含沙量仍然大于主汊侧，而支汊断面的平均含沙量为 0.12 kg/m³，主汊断面的平均含沙量为 0.06 kg/m³，汊道段支汊含沙量小于主汊侧；在枯水期，分流区支汊侧的平均含沙量为 0.05 kg/m³，主汊侧的平均含沙量为 0.06 kg/m³，分流区内主汊侧含沙量大于支汊侧，汊道段支汊断面的平均含沙量为 0.08 kg/m³，主汊断面的平均含沙量为 0.1 kg/m³，汊道段主汊含沙量高于支汊。

由以上分析，将天兴洲河段流量过程分为洪、中、枯三个区间。在洪水期，河段内平均含沙量较大，水流总体挟沙能力较强，但不同区域的挟沙能力差别较大，因此在这期间各区域的冲淤变化较为剧烈。就分流区而言，本河段的左侧含沙量高于右侧，由于洪水期主流偏左，左侧水流挟沙能力较大，左侧边滩在洪水期容易被冲刷。因为右侧流速小，水深较大，故水流挟沙能力较小，所以右侧深槽可能会淤积；随着洪水期支汊的分流比和分沙比的增加，天兴洲支汊也受到冲刷，主流沿深槽进入右汊后，流速较大，水

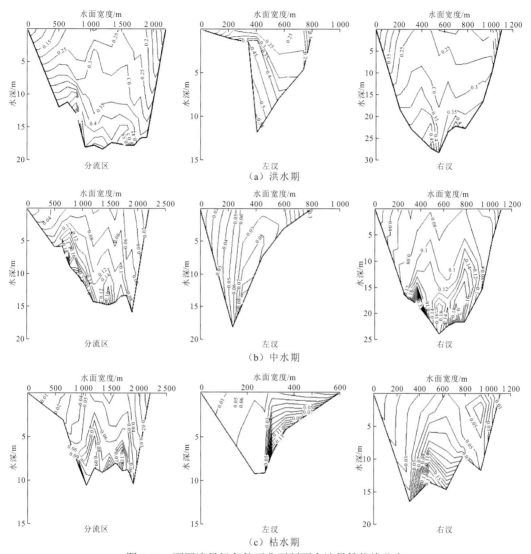

图 5.11　不同流量级条件下典型断面含沙量等值线分布

流挟沙能力较强，贴主汊左岸下行，对天兴洲右缘产生冲刷。在中水期，河段内平均含沙量减少，左侧汉口边滩由于汛期冲刷，河床降低，水深较汛期前增加，流速减小，从而左侧水流挟沙因子减小，故左侧边滩在中水期开始向淤积方向发展，右侧深槽处流速增大，水流挟沙因子增大，右侧深槽开始向冲刷方向发展。在枯水期，河段内分流区左侧含沙量小于右侧，但是左侧的挟沙因子较小，左岸边滩仍然淤积，由于主流居右侧，深槽继续被冲刷。

综上所述，分汊河段分流区主流随流量变化摆动明显，中小水时主流偏靠凸岸的右侧深槽，洪水期偏靠凹岸的左侧边滩，水流动力轴线的变化特性有利于洪水期间左汊进流及进口边滩的冲刷，同时进入左汊的含沙量也高于右汊，中小水则有利于主河槽的塑造与发展。即分汊河段的水流运动特性及来水来沙条件变化是造成其滩槽演变的根本原因。

5.5 本章小结

本章通过水沙数学模型计算与动床概化模型试验及理论分析相结合的研究方法，综合分析不同水沙条件下弯曲分汊河道河床冲淤分布特征、弯曲分汊河道三维水流结构、河道水流挟沙能力与推移质输沙率、弯曲分汊河道一维和二维水沙运动特性，揭示弯曲分汊河道的水沙运动与河床演变的耦合机制，主要结论如下。

（1）弯曲分汊河道年内冲淤总体呈现"浅滩洪淤枯冲，深槽洪冲枯淤"的特点。分流区在大水年呈现淤积状态，中枯水年则总体表现为冲刷趋势。

（2）弯曲分汊河道分流区由于弯道曲率较大，导致逆时针横向环流强烈。表层水流流向凹岸、底层水流向凸岸偏转，从三维空间来看，表现为流线弯曲；从横断面来看，表现为横向环流。在较大流量下，左槽流线弯曲较小、横向环流不显著；在较小流量下，受枯水河槽地形影响左槽流线弯曲较大，横向环流与右槽接近。在监利乌龟洲分流之后的左右汊之中，水流结构满足一般的单一弯曲河道的水流运动特征。此外，右汊中段弯曲程度相对其上下游较下，环流强度也较小。在洲尾汇流段，表层水流基本平顺流到下游，底层水流则大幅折向凸岸。走直的水流贴左岸前进，为主流，将引起左半部河槽的强烈冲刷。底层水流大幅折向凸岸，将引起左半部河槽冲起的底沙大量向右半部河槽或右侧低滩滩唇输移。

（3）以监利河段为例，悬移质输沙存在一个特征流量，来流小于此流量时分流区水流挟沙能力沿程逐渐增大，大于此流量后则相反。具体表现为枯水期分流区悬移质水流挟沙能力沿程增大，沿程冲刷发展，来流超过特征流量后分流区中下段淤积，易形成洲头心滩；汊道段水流挟沙能力总体随着流量增大而增大，沿程呈起伏状，反映了汊道段演变是一个江心洲与边滩崩退、淤长相互伴生的过程；汇流区水流挟沙能力随着流量增大而增大，洪水有利于汇流区中下段的冲刷。

（4）弯曲分汊河道推移质输沙带主要分布在河道主槽区域，且汊道段推移质输沙能力大于分流区及汇流区。分流区及左汊推移质输沙能力沿程减小，右汊及汇流区则呈相反趋势。随着流量减小至中水期流量级，分流区与汊道进口过渡区及汊道中下段与汇流区推移质输沙强度明显增大；中水期推移质输沙强度沿程分布相对均匀，强度较大，有利于塑造主河槽；分流区中下段浅滩水流挟沙能力小于深槽；右汊（主汊）洪水期，位于洲右缘的水流挟沙能力增大，易对江心洲右缘近岸产生冲刷，但在中枯水期，水流挟沙能力最大值沿洲缘下移，冲刷位置也随之下移，汇流区恰恰相反，洪水水流挟沙能力深槽小于边滩，深槽部位易淤积，中枯水与之相反。

第6章

来沙量减少条件下弯曲分汊河道
演变趋势预测

　　三峡水库下游分布的分汊河道类型多为宽窄相间的江心洲分汊河道。第2~5章对不同类型分汊河道的历史演变和近期演变及三峡工程蓄水运用以来十余年的变化进行全面的描述和总结,通过概化模型试验及多维数学模型计算较为深入地分析其河道特性和演变规律,本章对三峡工程"清水下泄"后其可能的发展趋势进行初步探讨。

6.1　三峡工程蓄水运用后顺直微弯型分汊河道的演变趋势

6.1.1　顺直微弯型分汊河道河床冲淤对来水来沙变化的响应

三峡工程蓄水运用以后，不仅坝下游河道来沙量大幅度减少，而且对汛期流量较大的洪峰过程也起到一定的消减作用，枯水期的流量有所增加，由第 3 章分析知，枯水期持续时间的延长有利于主槽的冲刷发展，来沙量的减少会直接导致坝下游发生冲刷，即水沙条件的变化导致顺直微弯型分汊河道整体发生冲刷，冲刷部位主要位于主输沙通道的基本河槽，洲滩也以冲刷崩退为主。但河段距坝址的距离不同，沿程含沙量也不同，上游河段强烈冲刷，含沙量将得到补充，泥沙级配也发生变化，粗颗粒所占比例会有所增加，因此下游的冲刷能力会沿程减弱。

三峡工程蓄水运用以来，由于荆江河段距三峡水库较近，受三峡工程蓄水运用影响的时间早，程度大，河势调整也较为剧烈。如上荆江的关洲微弯型分汊河段，洲面及左汊的冲刷，引起同济垸边滩岸线的崩塌；沙市河段因太平口心滩与三八滩冲淤变化，使得三八滩主槽位于右汊，减弱了观音矶的挑流作用，从而加剧了对观音矶以下河湾近岸的冲刷，对河岸的稳定性产生不利影响；监利河段因乌龟夹的发展与洲滩冲淤变化，乌龟洲右缘发生大幅度崩退，并引起其下游铺子湾地段顶冲点上提，由以前的平工段变成险工段，进而引起其下游右岸的天字一号地段主流线进一步靠岸下行，河床出现崩岸险情；城陵矶以下河段虽距三峡坝址较远，但河床变形也有一定程度的加剧，微弯河段内洲滩有冲刷的现象发生，如戴家洲洲头的蚀退导致巴河水道航道条件恶化。

图 6.1 为三峡工程蓄水运用前后长江中游河段深泓变化纵剖面图。由图可知，杨家脑以上河段深泓线沿程变幅相对较小，三峡工程蓄水运用以来，深泓冲淤幅度不大，相对较为稳定；杨家脑以下特别是下荆江河段深泓线沿程变化幅度较大，有多处局部深槽或冲刷坑的高程在 -15 m 左右，如石首北门口、调关、天字一号及荆江门等处。三峡工程蓄水运用以来，该段深泓高程变化较大，主要表现为河道冲淤变化引起深泓平面位置的变化，如过渡段深泓左右摆动；河床冲刷下切导致深槽冲深，相应深泓高程也随之降低；河床冲淤过程中使深槽发生上提、下移，从而使局部河段深泓最深点位置发生上提、下移等。城陵矶至汉口河段深泓也存在一定的冲淤变幅，但深泓纵剖面的高低位置保持相对稳定。

长江中游河道流经广阔的冲积平原，沿程平面形态、河道边界条件、河床组成及输送水沙能力有所不同，且自然状态下沿程各河段对来水来沙的敏感度存在差异，其达到平衡的过程、方式及最终的绝对平衡状态均有所不同。

长江科学院根据大量的野外试验及室内实验资料得到的断面平均流速经验关系式

知[37]：$\dfrac{U}{\sqrt{g d_{50} J_a}} = k \left(\dfrac{H}{d_{50}} \right)^{2/3}$（式中 d_{50} 为床沙中值粒径，k 为水流挟沙能力系数）。从上

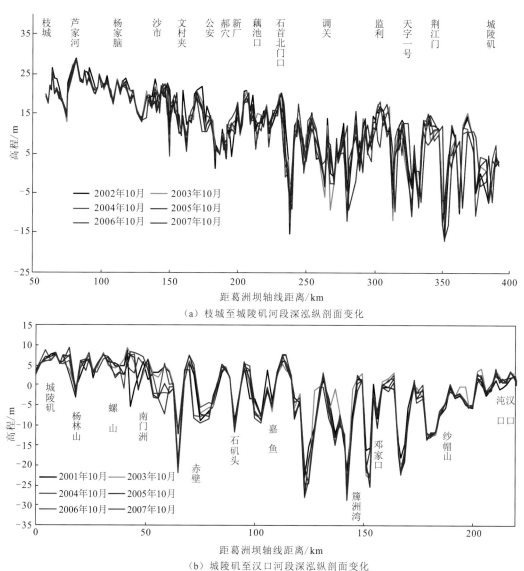

（a）枝城至城陵矶河段深泓纵剖面变化

（b）城陵矶至汉口河段深泓纵剖面变化

图 6.1 三峡工程蓄水运用前后长江中游河段深泓纵剖面变化

述表达式来看，床面泥沙粒径的增大将导致床面阻力的明显增加。故河床的粗化，导致床面阻力增加，减缓了水流的流速，使得床沙抗冲能力进一步加强。上荆江河段多为卵石夹沙河床，河段内深泓区床沙组成沿程呈现沙质和沙卵质相间分布的特点，在三峡工程蓄水后，"清水"冲刷条件下，河段由于水流的拣选作用，细颗粒泥沙被冲刷带走，较粗颗粒泥沙聚集于床面形成抗冲保护层、河床粗化，床沙抗冲能力进一步加强。藕池口以下河段为沙质河床，由于地势开始趋于平缓，受水力条件变缓后由泥沙的堆积作用而成，沙质河床的冲积层一般都比较厚，床沙组成一般较细，可动性较强，在冲刷过程中，无法像卵石夹沙河床那样形成不动的抗冲保护层。同时，由于沙质河床的河流一般处于平原地带，两岸多为平原或丘陵，在没有人工护岸的情况下，河道平面形态变化也较剧烈。据此分析知，沙质段河床自蓄水以来也有明显的粗化现象，建库后距坝址较近，冲刷较剧烈的沙质河段，由于各粒径组泥沙的补给均严重不足，其全部表现为冲刷状态；距三峡水库坝址较远的沙质河段，因为沿程冲刷补给，分汊河段的冲淤变化主要与来沙量减少幅度有关，补给不足会出现冲刷，补给基本饱和则会出现以前的类似演变特点。特别是建库前淤积比较明显的河段，其淤积特性必将延续，但是淤积量将会减少，直至转淤为冲。因此，沙质河床主要通过河床纵剖面趋缓、横断面的下切与展宽调整及河床粗化以增大河床阻力趋向于平衡。

6.1.2　三峡工程蓄水运用后长江中游顺直微弯型分汊河道演变趋势

距坝较近的关洲河段左汊冲刷较剧烈，三峡工程蓄水运用初期左汊深泓下切明显，枯水河槽冲刷变宽，关洲洲体轻微冲刷。关洲河岸抗冲性强，虽然冲刷剧烈，但是河段并没有大的变化，主要就是因为河段的抗冲能力较强，其中右汊保持主汊地位不变，左汊有冲刷发展趋势。左岸边滩为砂质边滩，抗冲能力较右岸弱，若连续遭遇中洪水年，主流走左汊，左汊迅速发展。三峡工程蓄水运用以后，中小水持续时间增长，主流走右汊概率增加，但是整体来沙量的减少，加之下游水位的下降，导致河段内沿程比降的增加，从而三峡工程蓄水运用后关洲左汊仍然处于缓慢发展的状态。由于两汊的过水面积相差较大，加之两岸边界条件的稳定，目前双分汊河势格局短期内不会改变。

由于近年来两岸护岸工程的实施及洲滩的守护，监利乌龟洲河段的两岸边界条件较稳定，乌龟夹进口右边界得到了控制，三峡工程蓄水运用后年内枯水期出现频率的增加对新河口边滩的冲刷下移影响较小，进口浅滩附近主流集中冲槽，主汊稳定发展，航道条件得以改善；同时由于洋沟子边滩护滩工程的实施，中小水年边滩也不会淤积下延至洲头，从而不会在左汊形成拦门槛，加之上游来沙量的减少，河床为砂质河床抗冲能力相对弱些，故乌龟洲河段左汊不会淤堵，短期内将保持这一分流格局。

武汉天兴洲河段相比较上面两个河段而言，距离坝址较远，自然条件下沿程含沙量是逐渐减小的，因此对其河床演变的敏感性不及上游河段强烈，同时，由于上游河段的沿程冲刷，使得水流沿程含沙量得到补充，总体冲淤变化幅度要小于上游河道，三峡工程蓄水运用后，河段内滩槽随着流量级大小的不同，仍然呈现出冲、淤的多次转换，表现为枯水期冲槽淤滩，大水期冲滩淤槽或是滩槽均淤，但冲刷幅度有所增加，淤积幅度有所减小，且由于天兴洲河段洲滩及两岸边界守护较好，天兴洲河段将长期维持右汊保持主汊地位不变，左汊仍会发展这一分流格局。

综合上述对长江中游典型的三个微弯河段的演变趋势分析，认为三峡工程蓄水运用后，河道边界条件的控制、河床组成的调整及水文过程的作用是造成河段内滩槽冲淤变形的根本原因。对长江中游河道整体的演变趋势预测如下。

（1）总体河势仍将保持稳定，长江中游河段近 50 年来已建和在建的大量控制河势的工程，对维护河岸的稳定性有重要的作用；随着长江两岸经济的发展，目前，长江沿岸不断兴建的桥梁、港口码头、护岸工程等，岸线的保护和利用程度会不断提高，为了保护城镇安全、工农业生产、稳定岸线和控制河势的整治工程、改善航道条件的一些护滩护岸工程也将大量修建，将更加有利于控制沿岸的岸线和河势。因此长江中游未来总体河势将保持稳定，河床演变将主要出现在局部的调整。

（2）三峡工程蓄水运用后，长江中游河道发生沿程冲刷，坝下游自上而下河床组成及对来沙量的敏感程度不同，其冲刷强度自上游往下游逐步发展。枝城至杨家脑河段两岸河床抗冲性强，加上部分岸段受护岸工程的控制，整体虽冲刷发展但不会有大的河势变化；杨家脑至城陵矶河段两岸多为平原或丘陵，距坝址较近，河床抗冲能力较弱，河床的冲刷使得过流量增大，导致局部河段河势可能发生不同程度的调整，在没有人工护岸的情况下，河道平面形态变化较剧烈，同时对河岸及已建工程的稳定性产生影响；城陵矶以下河段，距坝址相对较远，局部的河势调整会延续蓄水前的冲淤规律，但淤积量会有所减小。

（3）长时间内河段整体以冲刷为主，洲滩总面积呈减小的趋势。来沙量大幅度减少后，分汊河段各区域的冲淤演变与自然条件下有所不同，主要体现在冲刷条件下年内冲淤幅度与冲刷范围存在差异。而在今后较长的时间内，受三峡水库上游的溪洛渡、向家坝等水库的建立和联合调度，三峡水库下泄沙量可能会进一步减小，河床整体呈冲刷的趋势可能保持不变。

（4）受三峡工程蓄水运用以来连续的中小水年的影响，河道演变将主要体现中枯水年的演变特点。中低水期流量级下，分汊河道水流受河槽的约束更强，如监利河段乌龟夹的发展、天兴洲河段深槽和右汉的冲刷发展等。

6.2　来沙量减少条件下弯曲型分汊河道冲淤特性预测模拟

为了预测三峡工程蓄水运用后长江中游典型弯曲型分汊河段（监利河段）的冲淤演变趋势，本章运用前述建立的三维水沙数学模型，模拟计算来沙量减少条件下监利河段的冲淤发展过程。

6.2.1　计算条件

1. 水沙条件

考虑三峡工程蓄水运用以来，计算河段来沙量大幅减少，因此尽量选取三峡工程蓄水运用以后的年份作为代表性水文系列年。本书选用三峡工程正式蓄水运用后荆江干流上真实发生的水文过程作为系列年水沙数值模拟的边界条件，即 2008～2016 年。由河床演变分析可知，大水年一般会对河道的河床演变产生重要影响。2008～2016 年水文系列年中间缺少特大洪水年，因此在 2008～2006 年水文系列年中插入 1998 年水文过程。最终，代表性水文系列年确定为 2008～2012+1998+2013～2016 年。对于上述代表性水文系列年，监利站实测水文系列年水沙特征见表 6.1。

表 6.1　监利站实测水文系列年水沙特征表

年份	年来水量 /$(10^8 m^3)$	年分组来沙量 /$(10^8 t)$			年来沙量 /$(10^8 t)$
		0~0.031 mm	0.031~0.125 mm	0.125~0.5 mm	
2008	3 798.9	0.273	0.131	0.356	0.760
2009	3 647.7	0.314	0.084	0.308	0.706
2010	3 678.6	0.370	0.073	0.160	0.602
2011	3 330.2	0.192	0.069	0.187	0.448
2012	4 045.8	0.463	0.119	0.162	0.744
1998	4 412.4	3.196	0.597	0.279	4.071
2013	3 467.0	0.347	0.087	0.130	0.564
2014	3 989.9	0.195	0.088	0.244	0.527
2015	3 590.0	0.080	0.046	0.206	0.331
2016	3 852.8	0.103	0.043	0.184	0.330
合计	37 813.3	5.533	1.337	2.216	9.083

对于荆江河段（包括了计算河段）而言，其来水来沙条件在三峡工程蓄水运用前、后差异甚大，主要体现在：①三峡工程蓄水运用后，水库调节径流，荆江河段的水流过程将发生改变；②三峡工程蓄水运用后，水库拦蓄泥沙，荆江河段来流的含沙量一般小于相同水流条件下三峡工程蓄水运用前来流的含沙量；③考虑 2003~2016 年荆江河段河床的大幅冲刷下切，河道水位低于相同流量条件下三峡工程蓄水运用前的水位。因此，本书在应用 1998 年实测水沙过程之前对其进行了两点修正：计算河段进口（鹅公凸）的减沙修正；计算河段出口（盐船套）的降低水位修正。

1）1998 年水文过程减沙修正

（1）含沙量-流量（S_v-Q）下包线与减沙比例。

将三峡工程蓄水运用前 1998 年、三峡工程正式蓄水运用后 2008~2016 年监利站含沙量-流量数据点绘在一张图上，见图 6.2。在相同流量级条件下，三峡工程正式蓄水运用后的含沙量点据分布在整体散点的下方，该图进一步表明：三峡工程正式蓄水运用后，例如 2008~2016 年，长江中游荆江河段的年输沙量显著减少，计算河段进口的含沙量过程不能直接使用三峡工程蓄水运用前水文站实测含沙量数据。

本书按较不利减沙情况对 1998 年水沙过程进行修正，具体方法为：取图 6.2 中含沙量-流量散点的下包线进行公式拟合；根据选取的设计洪水年水文站实测流量过程，采用上述拟合公式计算得到减沙后水文站逐日含沙量过程；将按拟合公式计算得到的设计水文年逐日输沙量进行累加，并与设计水文年水文站实测年输沙量进行比较，得到减沙后年输沙量剩余比例（本小节为 0.287）；按年输沙量剩余比例对设计水文年含沙量过程进行同比缩小，推求得到减沙后设计洪水所对应的含沙量过程。

（2）分组减沙计算。

1998 年监利站实测数据显示：计算河段年径流量为 $4412.4 \times 10^8 m^3$，年输沙量为 $4.071 \times 10^8 t$。从 2008~2016 年监利站实测数据来看，在三峡工程正式蓄水运行后，计

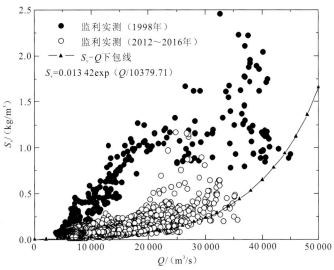

图 6.2　监利站含沙量-流量关系下包线

算河段的年输沙量一般为 $0.33 \times 10^8 \sim 0.76 \times 10^8 t$，水量较大的年份（如 2012 年）年输沙量也只有 $0.744 \times 10^8 t$，计算河段的年输沙量相对于三峡工程蓄水运用前大幅减少。

进一步分析 1998 年监利站年分组来输沙量数据可知：1998 年计算河段的年输沙量主要为 0.031 mm 以下的细颗粒、$0.031 \sim 0.125$ mm 的较细颗粒，这两组泥沙输沙量分别为 $3.196 \times 10^8 t$、$0.597 \times 10^8 t$，它们占到年输沙总量的 93.2%；与此同时，1998 年计算河段 $0.125 \sim 0.500$ mm 的较粗颗粒输沙量较少，仅为 $0.279 \times 10^8 t$，与监利站 $2008 \sim 2016$ 年实测较粗颗粒输沙量（$0.130 \times 10^8 \sim 0.356 \times 10^8 t$）相差并不大。因而，1998 年水文过程的减沙修正应主要针对 0.031 mm 以下的细颗粒和 $0.031 \sim 0.125$ mm 的较细颗粒。

由于已通过下包线法推求得到 1998 年监利站减沙后年输沙量剩余比例为 0.287，将实测输沙量 $4.071 \times 10^8 t$ 按该比例缩减得到减沙后的年输沙量为 $1.17 \times 10^8 t$，扣除 $0.125 \sim 0.500$ mm 分组的所占的输沙量 $0.279 \times 10^8 t$，剩下输沙量 $0.891 \times 10^8 t$。对于 0.031 mm 以下的细颗粒和 $0.031 \sim 0.125$ mm 的较细颗粒，按照 1998 年监利站实测数据同比例缩小。经过推算可知：第 $1 \sim 3$ 组泥沙减沙后年输沙量剩余比例可分别设定为 0.235、0.235、1.0。最后，将 1998 年监利水文断面第 $1 \sim 3$ 组泥沙的逐日含沙量过程分别乘以上述的分组输沙量剩余比例，就得到了减沙修正后计算河段进口第 $1 \sim 3$ 组泥沙的逐日含沙量过程。在进行减沙修正前、后 1998 年监利水文断面含沙量过程的对比见图 6.3。

2）1998 年水文过程的水位修正

根据 1998 年、2016 年监利站流量、盐船套水位站水位资料进行分析，盐船套水位（Z）-监利流量（Q）关系可用如下指数函数公式拟合：

$$Z = A_1 \mathrm{e}^{\frac{Q}{t_1}} + Z_0 \tag{6.1}$$

式中：Z_0、A_1、t_1 为参系数。

基于 1998 年、$2014 \sim 2016$ 年水文资料的 $Z\text{-}Q$ 的拟合关系曲线见图 6.4（a）。由图可知，当 $Q < 30\,000$ m³/s 时，由于实测水文资料的规律较好，拟合的 $Z\text{-}Q$ 关系曲线与实

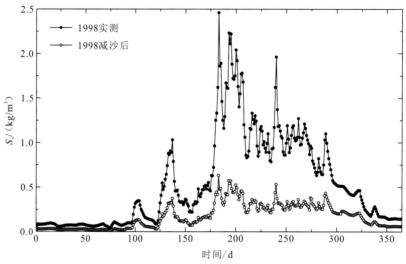

图 6.3　减沙修正前、后 1998 年监利水文断面含沙量过程的比较

测资料符合较好；当 $Q \geqslant 30\,000\,\mathrm{m^3/s}$ 时，因为在 2014～2016 年中 $30\,000\,\mathrm{m^3/s}$ 流量级以上的洪水出现的频率非常低，所以在该流量以上拟合曲线出现了较大的偏差。将 1998 年、2014～2016 年的两个 $Z\text{-}Q$ 关系曲线进行相减，即可得到由 1998～2016 年河床下切导致的盐船套水位降低值（ΔZ）随河道流量（Q）的变化曲线。由于盐船套水位降低值随流量的变化曲线在 $Q \geqslant 30\,000\,\mathrm{m^3/s}$ 时偏差较大，本书对该部分数据按指数函数变化趋势进行了修正，最终的 $\Delta Z\text{-}Q$ 关系曲线见图 6.4（b），表达式为

$$\Delta Z = 3.97\mathrm{e}^{-\frac{Q}{6\,640.86}} + 0.28 \tag{6.2}$$

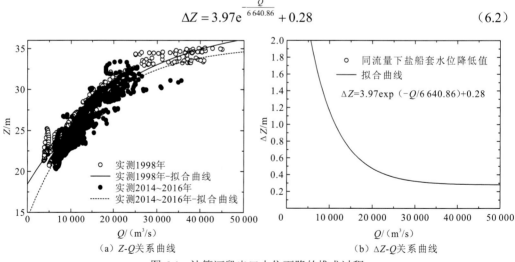

（a）$Z\text{-}Q$ 关系曲线　　　　　　　　（b）$\Delta Z\text{-}Q$ 关系曲线

图 6.4　计算河段出口水位下降的推求过程

根据上述 $\Delta Z\text{-}Q$ 曲线，可推求出 1998 年监利逐日流量过程所对应的盐船套逐日水位降低值。根据 1998 年地形上的盐船套逐日水位实测资料和计算的水位降低值，可推求得到 2016 年地形上计算河段的出口控制水位。在进行降水修正前后，1998 年洪水过程中盐船套水位过程的比较见图 6.5。

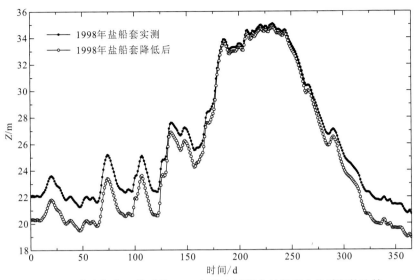

图 6.5　降水位修正前后的 1998 年洪水过程中盐船套水位过程的比较

3）预测计算的水沙边界条件

将进行减沙修正、降水位修正后的 1998 年水沙过程插入到三峡工程正式蓄水运用后的实测水文过程，得到了预测计算的 10 年水文系列（2008～2012＋1998＋2013～2016）年。该水文过程的年水沙特征见表 6.2，计算河段进口总径流量为 37 813.3×10⁸m³，总输沙量为 6.182×10⁸ t，其中 0.125～0.500 mm 的较粗颗粒分组的输沙量为 2.216×10⁸ t。

表 6.2　计算河段进口年水沙特征表（系列年预测计算）

年份	年来水量 /（×10⁸m³）	年分组来沙量 /（×10⁸t）			年来沙量 /（×10⁸t）
		0～0.031 mm	0.031～0.125 mm	0.125～0.5 mm	
2008	3 798.9	0.273	0.131	0.356	0.760
2009	3 647.7	0.314	0.084	0.308	0.706
2010	3 678.6	0.370	0.073	0.160	0.602
2011	3 330.2	0.192	0.069	0.187	0.448
2012	4 045.8	0.463	0.119	0.162	0.744
1998	4 412.4	0.751	0.140	0.279	1.170
2013	3 467.0	0.347	0.087	0.130	0.564
2014	3 989.9	0.195	0.088	0.244	0.527
2015	3 590.0	0.080	0.046	0.206	0.331
2016	3 852.8	0.103	0.043	0.184	0.330
合计	37 813.3	3.088	0.880	2.216	6.182

水沙数学模型水沙边界条件：采用上述 2008～2012＋1998＋2013～2016 年共 10 年水文系列的逐日水沙过程（包括流量、各组悬移质泥沙的含沙量、水位）设定计算河段进口的水流、泥沙和出口水位边界条件。此外，按以往的实测资料和工程经验，荆江河段的推移质输移满足规律为：推悬比约为 1%。将系列年水文过程中进口逐日含沙量乘

以 0.01，即得到计算河段进口的推移质逐日含沙量过程。动床预测计算时段为两个 10 年水文系列的循环，共计 7 306 d。模型进口水沙边界条件与出口水位边界条件见图 6.6（仅画出前 10 年，后 10 年边界条件与前 10 年相同）。

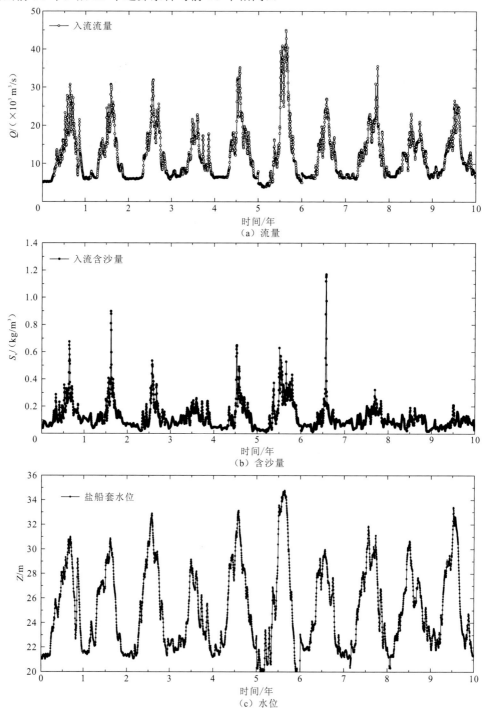

图 6.6　模型进出口开边界逐日水沙边界条件（流量、含沙量、水位）

计算时，先将开边界水沙资料整理成逐日时间序列（以天为时间间隔的连续系列），选定合理的时间步长，再进行监利河段非恒定水沙输移与河床变形的数值模拟。为便于分析计算结果，在计算区域内布置了 16 个断面（CS1～CS16），用以监测动床冲淤计算中河道断面形态的变化。在进行断面冲淤监测时，将计算河段分为两个大段：在烟铺子至天字一号的监利弯曲分汊段及弯道出口段，监测断面为 CS1～CS8；在天字一号至潭子坑的连续弯道段，监测断面为 CS9～CS16，见图 6.7。此外，对乌龟洲前部、后部的两个监测断面进行了左右汊分解（CS4L、CS4R、CS3L、CS3R），加密监测断面上的地形采样点，以有效地监测乌龟洲汊道断面变化形态。

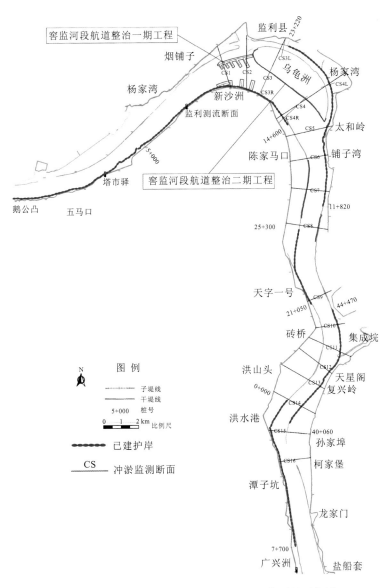

图 6.7　系列年河道冲淤预测计算中冲淤监测断面布置

2. 河道边界条件

1）地形与河床条件

采用 2016 年 10 月实测的 1：10 000 河道地形图（简称 2016 年地形）塑制数学模型计算的初始地形；采用 2013～2016 年监利河段床沙组成的实地勘测资料，设定计算区域的初始床沙级配。

在采用分组方法模拟非均匀泥沙输移时，将每个粒径分组的泥沙均当作不同种类的物质对待。与水沙数学模型率定验证测试保持一致，本书将泥沙按颗粒粒径大小分为 4 组：0.031 mm 以下的细颗粒、0.031～0.125 mm 的较细颗粒、0.125～0.500 mm 的较粗颗粒和 0.5 mm 以上的粗颗粒。其中，将第 1～3 组泥沙作为悬移质进行计算，将第 4 组泥沙作为推移质进行计算。第 1～4 组泥沙的代表粒径取该泥沙分组粒径上下限的几何平均值，分别为 0.011 mm、0.062 mm、0.25 mm、0.71 mm。在设定计算区域的初始床沙级配时，第 1～4 组泥沙的比例分别为 2%、5%、92%、1%。

2）已有河道治理工程的处理

数学模型的计算区域为鹅公凸至盐船套长约 47.5 km 的荆江干流河段，河段内包含的工程主要有窑监河段航道整治一期工程和窑监河段航道整治二期工程。

本书数学模型采用非结构网格剖分计算区域，网格大小与形状具有适应能力强的特点。为使数学模型计算能较真实地反映各种实体涉水工程的位置、形状与大小：一方面在网格划分时尽可能对涉水工程局部区域进行计算网格加密；另一方面则采用直接地形修改法来反映拟建工程对河道水流形态的影响。

在布置航道整治阻水建筑物（如鱼骨坝、潜丁坝、护滩带等）局部区域的计算网格时，根据它们的位置和形状合理规划网格分区，使工程区域内网格单元与阻水建筑物在平面上重合；并采用局部加密技术以提高阻水建筑物及其附近区域的水流模拟精度。在本书中，对工程局部区域采用尺度为 10 m 左右的四边形网格进行加密。由于阻水建筑物与其范围内的计算网格单元在平面上是重合的，可直接根据工程建筑物高度修改相应网格单元的高程和增加工程局部区域河床糙率来反映工程修建的影响。

需说明的是，本书所采用的基于非结构网格的水沙数学模型具有特点为：联合使用了 θ 半隐方法、欧拉-拉格朗日方法（Euler-Lagrange method，ELM）等方法求解水流模型、泥沙输移的控制方程，使得水沙数学模型计算的稳定性在理论上不受与网格尺度有关的 Courant 数稳定条件的限制。因而，上述的适度的计算网格加密不会对水沙数学模型计算的稳定性产生不利影响，数学模型依然可以使用较大的时间步长并保持较高的计算效率。

计算河段包含的航道整治工程主要有监利河段航道整治一期工程和监利河段航道整治二期工程，主要工程形式为鱼骨坝、潜丁坝、护滩带工程等。基于设计方案中各整治建筑物高程的设计参数，制作工程实体，工程前后河床地形边界的变化见图 6.8。由图可知，本书所采用的涉水工程建模方法可较好地反映工程实体边界。

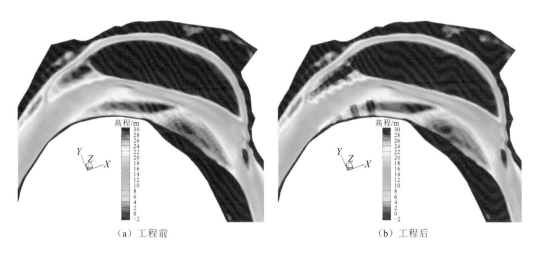

（a）工程前　　　　　　　　　　　　　　（b）工程后

图 6.8　监利河段工程建模前后河道边界变化

6.2.2　河道冲淤特性及其影响分析

1. 河床冲淤分布

对比计算河段初始地形和 10 年末、20 年末地形可知，计算河段河床有冲有淤，主要表现为河槽大幅冲刷，滩地小幅淤积。本小节分别对监利河段的两个重点段乌龟洲弯曲分汊河段、天字一号—潭子坑连续弯道河段的冲淤平面分布进行分析。

1）乌龟洲弯曲分汊河段

图 6.9（a）、（b）分别给出了系列年预测计算中乌龟洲弯曲分汊河段在第 10 年末、第 20 年末的河床冲淤分布。乌龟洲河段左右汊及出口段河床冲淤形态不同：左汊处于上淤下冲的冲淤形态，右汊受弯道河势与工程作用的双重影响河床冲淤形态十分复杂，出口段水沙运动及河床冲淤受弯道作用影响显著。

（1）乌龟洲左汊。乌龟洲左汊进口段在局部河势、航道整治工程的共同作用下出现幅度较大的淤积，在第 10 年末淤积厚度达 1～5m，在第 20 年末淤积厚度在 5m 以上的区域继续增加。左汊中段也处于淤积形态，淤积幅度相对进口段减小，在第 10 年末淤积厚度达 1～2m，在第 20 年末淤积厚度为 2m 的区域显著增加。左汊下段河床由淤积转为冲刷，推测是下游河道的冲刷导致左汊出口水位降低而形成拉沙引起，冲刷幅度为 0.5～1.0m，在第 10 年末、第 20 年末冲刷幅度差异不大。

（2）乌龟洲右汊。乌龟洲右汊进口段主要受两侧航道整治工程的"束水攻沙"作用形成集中冲刷，在第 10 年末冲刷幅度达 5～15m，第 20 年末冲刷幅度在 15m 以上的区域继续增加。右汊进口段两侧航道整治工程在右汊中段两侧滩地区域造成流速减小的影响，进而引起右汊中段两侧滩地的显著淤积，在第 10 年末淤积厚度达 2～5m，第 20 年末淤积厚度在 5m 以上的区域继续显著增加。此外，乌龟洲右汊进口段右侧的航道整治

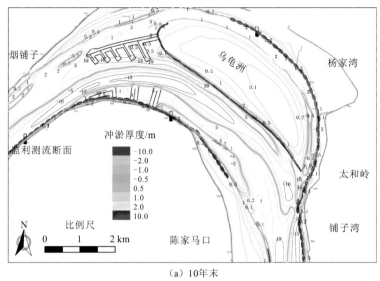

（a）10年末

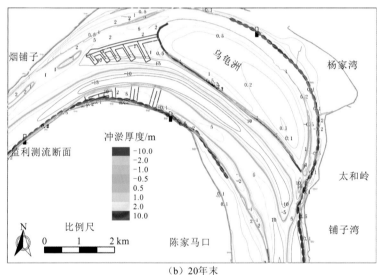

（b）20年末

图6.9　乌龟洲弯曲分汊河段的冲淤分布图

建筑物挑流效果显著，在右汊进口段主流被挑向左岸后一直贴左岸下行，造成右汊中段左侧河槽冲刷发展，主河槽得以扩大加深。

在乌龟洲河段的出口段，水流经过弯道顶点后由于惯性作用继续贴左侧河槽下行，造成左侧河槽的冲刷发展，在第10年末河床冲刷幅度达10～15m，第20年末河床冲刷幅度及分布变化不大。与此同时，由于弯顶区域空间弯道螺旋流作用强烈，发生显著的泥沙异岸输移，粗颗粒泥沙大量由左岸深槽向右岸浅滩输移，首先淤积在右岸低滩滩唇，进而发展成为沙堤。在乌龟洲河段的出口段，右岸浅滩滩唇区域，在第10年末淤积厚度达10～15m，第20年末淤积厚度在15m以上的区域继续显著增加。

为较清晰地反映河床冲淤对乌龟洲河段出口段河势形态的影响，开展了计算河段特定水流条件下的定床水流计算。定床水流计算的边界条件为：计算河段进口（监利）流量为 $10\,000\,\mathrm{m^3/s}$，出口（盐船套）水位为 $24.4\,\mathrm{m}$。定床水流计算分别在三组地形条件下开展，即初始地形（2016 年地形）、冲淤预测计算 10 年末（2026 年地形）、冲淤预测计算 20 年末地形（2036 年地形）。待到模拟的水流稳定后，三种工况下的流场见图 6.10。由图可知，在乌龟洲河段的出口段，左侧河槽的冲刷发展、右岸低滩滩唇淤积形成沙堤，使得在中小洪水条件下水流被约束在左侧河槽中。相对于 2016 年地形条件，在冲淤预测计算第 10 年末、第 20 年末地形条件下，中小洪水条件下的水流过流宽度大幅减少，主河槽向更为窄深的方向发展。

2）天字一号—潭子坑连续弯道段

天字一号—潭子坑河段为连续弯道，中间以复兴岭为界分为上下弯道。该河段河床切滩撤弯现象显著，见图 6.11，切滩撤弯的发生机理分析如下。

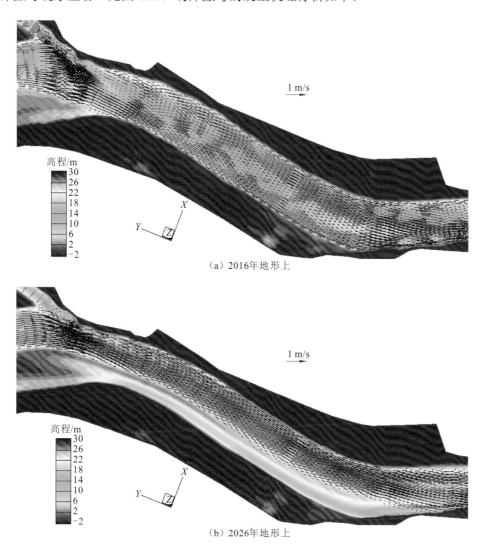

（a）2016年地形上

（b）2026年地形上

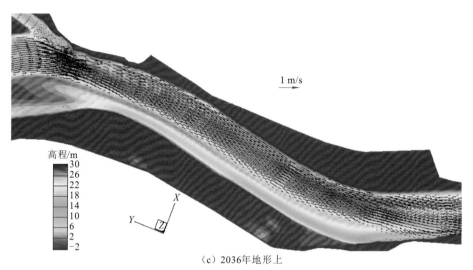

（c）2036年地形上

图 6.10　乌龟洲下游右侧河槽低滩处形成沙堤

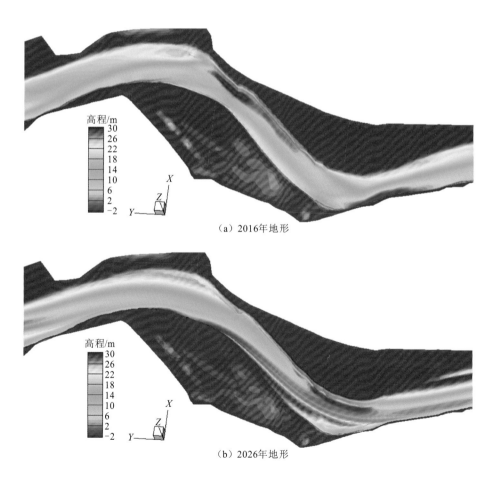

（a）2016年地形

（b）2026年地形

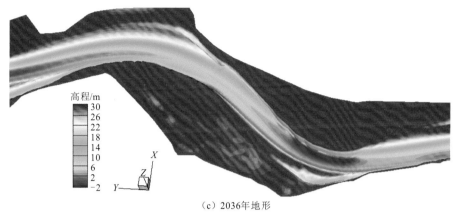

（c）2036年地形

图 6.11　天字一号—潭子坑连续弯道段的切滩撇弯过程

当挟沙水流经过天字一号时，根据上游来流的走势，水流继续贴河槽右岸下行，造成集成垸弯道右岸（凸岸）的冲刷，在第 10 年末冲刷幅度达 5～15 m，第 20 年末冲刷幅度变化不大，冲刷幅度在 15 m 以上的区域的分布出现一定调整；与此同时，在集成垸弯道左岸（凹岸）天星阁附近原来的河槽区域出现大幅的泥沙淤积，在第 10 年末泥沙淤积厚度达 10～15 m，第 20 年末淤积幅度及其分布变化不大。由此可见，天字一号—复兴岭弯道的切滩撇弯在第一个 10 年水文过程中已经基本完成。

当挟沙水流经过复兴岭后，水流进入下一个弯道。经过上游弯道凸岸的挑流作用，主流被挑向左岸并贴左岸下行，造成孙家埠弯道左岸（凸岸）的冲刷，在第 10 年末河床冲刷幅度达 10～15 m，第 20 年末冲刷幅度及其分布的变化不大；与此同时，在右岸（凹岸）洪水港附近原来的河槽区域出现大幅的泥沙淤积，在第 10 年末淤积厚度达 10～15 m，第 20 年末淤积厚度及其分布的变化不大。由此可见，复兴岭至潭子坑弯道的切滩撇弯也是在第一个 10 年的水文过程中基本完成的。

对于天字一号至复兴岭弯道（集成垸弯道，上弯道）和复兴岭至潭子坑弯道（孙家埠弯道，下弯道），由于河槽宽度较大，在发生切滩撇弯、凹岸淤积时，泥沙淤积并没有发生贴岸淤积，而是在淤积的沙堤与原来的凹岸河岸之间留下了一个小的串沟。两个弯道切滩撇弯的特点可总结为：①切滩撇弯过程中，在原来的凹岸没有发生贴岸淤积且形成下游开口的串沟；②与旧河槽相比，切滩撇弯形成的新的弯道河槽变得相对窄深；③在切滩撇弯后，河道的弯曲曲率减小了。

2. 河床冲淤量变化过程及其发生机理

图 6.12 给出了监利河段总冲淤量随时间的变化过程。由图可知，经过三峡工程蓄水运行前期（2003～2016 年）的河床冲刷与粗化，在不发生大洪水的条件下，监利河段河床已趋向某种程度上的冲淤平衡甚至回淤。由系列年水沙过程可知，在单个周期 10 年的水文过程中，多年平均来水量为 3 781.3×10^8 m^3，0.125～0.500 mm 的较粗沙粒来量的多年平均值为 2 215.9×10^4 t。2008 年、2009 年来水量不大，分别为 3 798.9×10^8 m^3、3 647.7×10^8 m^3，但 0.125～0.5 mm 的较粗沙粒来量分别为 3 559.2×10^4 t、3 083.6×10^4 t。这是为什么图中

2008 年、2009 年监利河段河床不冲刷反而淤积的原因。在接下来的 2010~2011 年，径流量变化不大，但 0.125~0.5 mm 的较粗沙粒来量减小，此时河床又发生了微幅冲刷。若不发生大洪水，监利河段将处于这种微冲微淤的动态平衡状态。

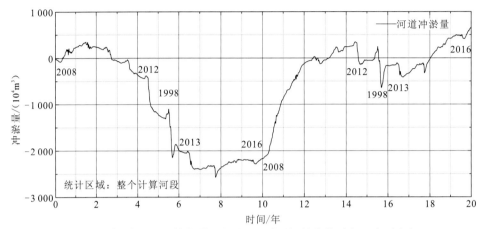

图 6.12　系列年预测计算监利河段冲淤量随时间的变化过程（冲刷为负）

大幅度的河床冲刷发生在 2012 年和 1998 年。2012 年、1998 年计算河段径流量分别为 4 045.8×10^8 m³、4 412.4×10^8 m³，0.125~0.5 mm 的较粗沙粒来量分别为 1 618.5×10^4 t、2 786.4×10^4 t。由于水流挟沙能力与流速的三次方成正比，大洪水过程使得在 2012 年与 1998 年里河床发生了大幅的冲刷下切。在动床冲淤预测计算的第 7.75 年，监利河段河床达到了最大的冲刷幅度，冲淤量为 2 550×10^4 m³。此时河床的粗化基本完成。

在接下来的 2013~2016 年中，在来水量变化不大、来沙量减小的条件下，河床冲淤量基本维持不变。接下来，进入 20 年水文系列的第 2 个 10 年周期，此时的河槽相对于 2016 年的初始河槽，已发生了显著的下切和粗化，容易引起泥沙淤积。当遇到 2008 年和 2009 年来水量不大、0.125~0.5 mm 的较粗沙粒来量较大的情况下，将发生快速大幅的淤积。这是为什么在图中第 10~12 年监利河段河床大幅回淤的原因，其深层次的原因为：假定了第二个 10 年水文周期的来水来沙与第一个完全相同，这是不符合实际的。

在三峡工程蓄水运用后，荆江从上往下均处于冲刷下切和粗化之中，三峡水库几乎拦蓄了所有的细颗粒、较细颗粒泥沙，因而监利河段 0.125~0.5 mm 的较粗颗粒泥沙主要来源于其上游河段的河床冲刷。随着上游河段河床的冲刷下切与粗化，监利河段的较粗颗粒来沙将不断减少，这从近 10 年监利站的水文实测数据当中可以看出。因此，第二个 10 年水文周期的较粗颗粒来沙比第一个水文周期少；如果强制它们相同，则出现来沙过大、河床淤积的结果，因而本书第 10~20 年河床冲淤的计算结果仅供参考。

3. 监测断面的冲淤变化

将动床冲淤预测计算的初始地形（2016 年地形）、计算第 10 年末、计算第 20 年末各冲淤监测断面（平面位置见图 6.7）的地形进行断面套绘，见图 6.13；监测断面要素（断面面积、平均水深）的统计见表 6.3。

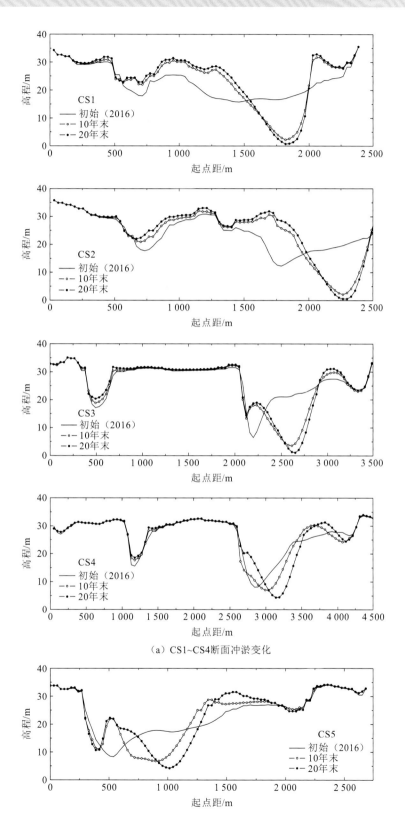

（a）CS1~CS4断面冲淤变化

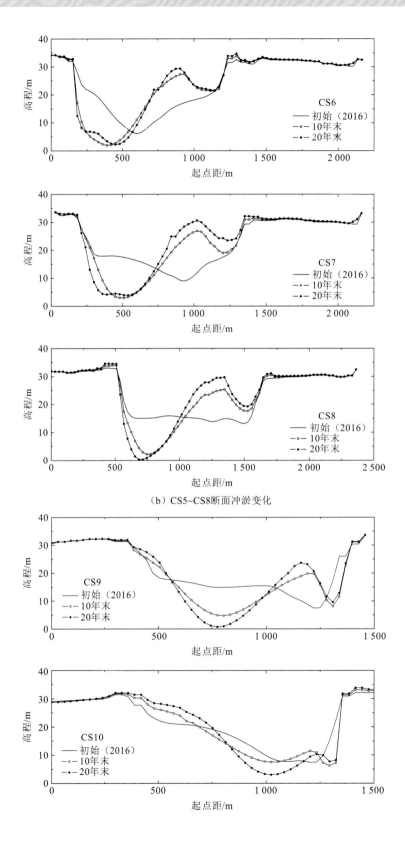

（b）CS5~CS8断面冲淤变化

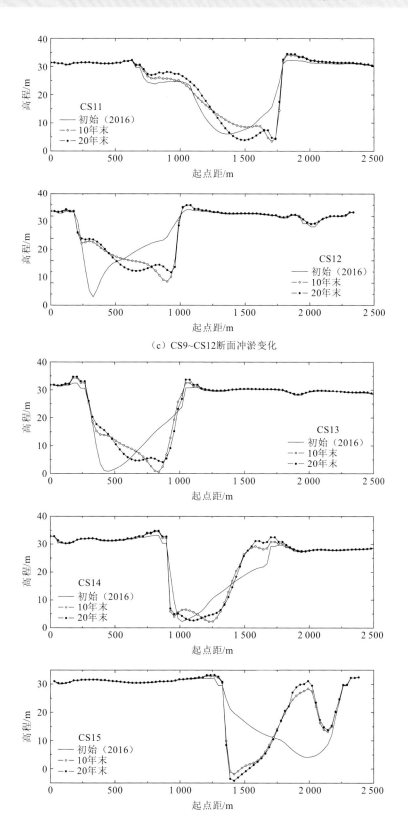

（c）CS9~CS12断面冲淤变化

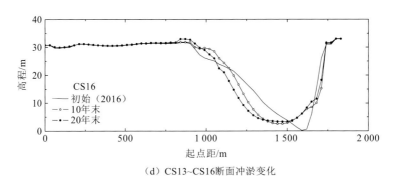

（d）CS13~CS16断面冲淤变化

图 6.13　系列年预测计算断面冲淤形态的比较

表 6.3　系列年水沙过程后监利河段监测断面面积、平均水深统计

断面	河宽 B/m	初始		10 年末				20 年末			
		A/m^2	H/m	A/m^2	$\Delta A/\%$	H/m	$\Delta H/\mathrm{m}$	A/m^2	$\Delta A/\%$	H/m	$\Delta H/\mathrm{m}$
CS1	2 386.0	29 029.2	12.17	26 709.2	-8.0	11.19	-0.97	25 343.6	-12.7	10.62	-1.54
CS2	3 000.2	31 812.7	10.60	30 863.6	-3.0	10.29	-0.32	28 677.8	-9.9	9.56	-1.04
CS3	3 486.5	29 429.4	8.44	32 744.9	11.3	9.39	0.95	31 519.1	7.1	9.04	0.60
CS4	4 655.7	38 042.7	8.17	38 924.1	2.3	8.36	0.19	38 395.7	0.9	8.25	0.08
CS5	2 686.6	29 897.0	11.13	29 969.6	0.2	11.16	0.03	29 776.4	-0.4	11.08	-0.04
CS6	2 165.8	23 740.0	10.96	23 583.4	-0.7	10.89	-0.07	23 272.6	-2.0	10.75	-0.22
CS7	2 163.1	25 696.9	11.88	25 311.3	-1.5	11.70	-0.18	23 936.4	-6.9	11.07	-0.81
CS8	2 361.3	26 419.0	11.19	26 363.7	-0.2	11.16	-0.02	25 044.3	-5.2	10.61	-0.58
CS9	1 457.9	20 439.1	14.02	22 505.7	10.1	15.44	1.42	22 585.6	10.5	15.49	1.47
CS10	1 655.6	21 114.8	12.75	21 809.4	3.3	13.17	0.42	21 358.4	1.2	12.90	0.15
CS11	2 634.5	26 609.0	10.10	26 106.2	-1.9	9.91	-0.19	25 591.6	-3.8	9.71	-0.39
CS12	2 337.9	24 539.3	10.50	24 863.7	1.3	10.63	0.14	24 824.1	1.2	10.62	0.12
CS13	2 814.4	28 294.1	10.05	27 352.9	-3.3	9.72	-0.33	27 428.8	-3.1	9.75	-0.31
CS14	2 659.2	26 674.2	10.03	25 729.8	-3.5	9.68	-0.36	25 448.2	-4.6	9.57	-0.46
CS15	2 383.0	26 657.5	11.19	24 790.3	-7.0	10.40	-0.78	24 636.2	-7.6	10.34	-0.85
CS16	1 830.5	20 549.0	11.23	21 383.7	4.1	11.68	0.46	21 899.4	6.6	11.96	0.74
乌龟洲前部 L	1 027.6	6 602.5	6.43	5 976.8	-9.5	5.82	-0.61	5 417.5	-17.9	5.27	-1.15
乌龟洲前部 R	1 770.0	19 892.7	11.24	23 989.4	20.6	13.55	2.31	23 363.3	17.4	13.20	1.96
乌龟洲后部 L	820.4	7 265.6	8.86	6 695.1	-7.9	8.16	-0.70	6 329.2	-12.9	7.72	-1.14
乌龟洲后部 R	2 176.7	23 682.4	10.88	25 230.0	6.5	11.59	0.71	25 223.8	6.5	11.59	0.71

注：在进行表中面积计算时，参考水位为 35.0m

　　在航道整治工程影响的区域，河道断面的河槽部分表现为由于"束水攻沙"作用而形成的集中冲刷，其滩地部分则表现为由于工程固滩作用而形成的淤积，例如 CS1～CS2

断面。在这些断面，河槽冲刷到一定程度后逐渐达到冲淤平衡，但是滩地的淤积仍然在继续，在计算第 10 年末、计算第 20 年末断面常常整体表现为淤积。例如，CS1 断面面积在预测计算的第 10 年末减小 8%，在第 20 年末减小 12.7%。

在乌龟洲左汊，河槽淤积，过流断面面积在第 10 年末减小 7.9%～9.5%，在第 20 年末减小 12.9%～17.9%。在乌龟洲右汊，河槽冲刷，过流断面面积在第 10 年末增加 6.5%～20.6%，在第 20 年末增加 6.5%～17.4%。由此可见，在预测计算的 20 年中，乌龟洲左汊持续淤积，乌龟洲右汊的冲刷在第 10 年末已基本达到平衡。

在天字一号—复兴岭弯道（集成垸弯道）和复兴岭—潭子坑弯道（孙家埠弯道）段，河道断面发生了大幅调整。弯道河段断面调整的基本规律为：伴随着切滩撇弯，凸岸边滩受到了大幅的冲刷下切，凹岸边滩由于水深较大承载着大量的泥沙淤积；但是，在切滩撇弯段，断面要素（断面面积、平均水深）的变化却并不大。

此外，经过第一个 10 年水文周期水沙过程的再造床作用，荆江监利河段主河槽的变得相对窄深；在第二个 10 年水文周期中，断面形态的变化较小。

4. 环流特性的变化

为较清晰地反映河床冲淤对监利河段三维环流特性的影响，开展了计算河段平滩流量水流条件下的定床水流计算。定床水流计算的边界条件为：计算河段进口（监利）流量为 28 000 m³/s，出口（盐船套）水位为 32.16 m。定床水流计算分别在三组地形条件下开展，即初始地形（2016 年地形）、冲淤预测计算 10 年末（2026 年地形）、冲淤预测计算 20 年末地形（2036 年地形）。

待模拟的水流稳定后，将三种工况下监利河段环流强度沿程分布曲线进行套绘，见图 6.14；预测计算 10 年末河道横断面环流结构沿程变化图，见图 6.15。

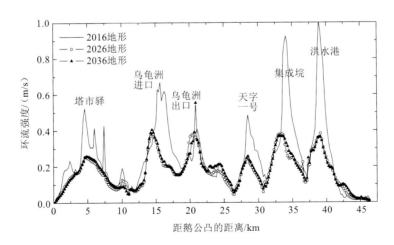

图 6.14　系列年预测计算监利河段环流强度沿程分布的变化

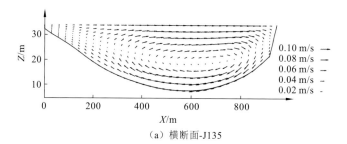

（a）横断面-J135

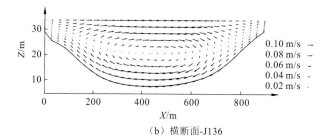

（b）横断面-J136

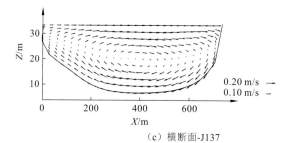

（c）横断面-J137

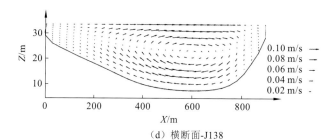

（d）横断面-J138

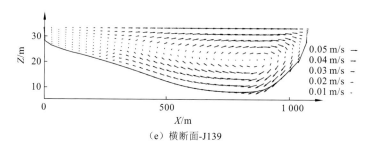

（e）横断面-J139

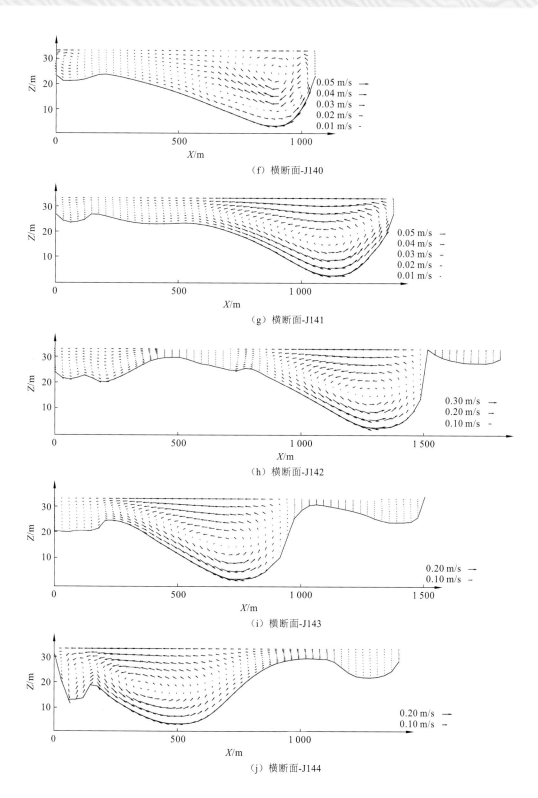

（f）横断面-J140

（g）横断面-J141

（h）横断面-J142

（i）横断面-J143

（j）横断面-J144

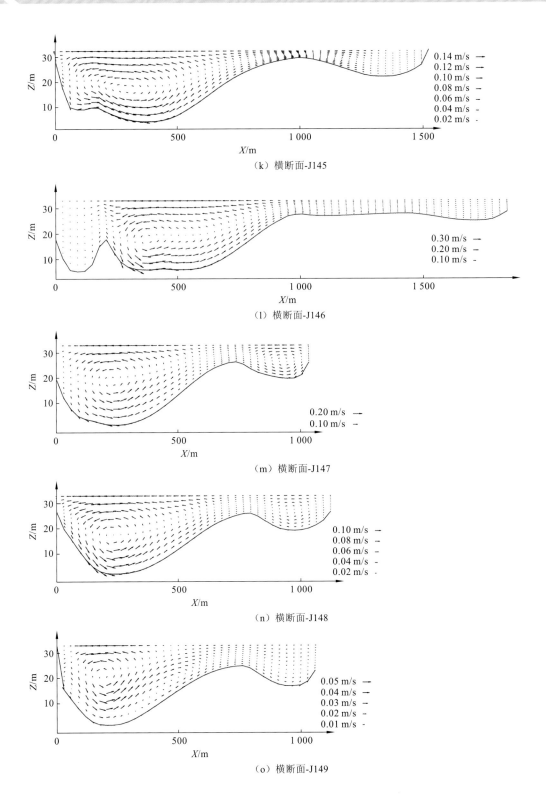

（k）横断面-J145

（l）横断面-J146

（m）横断面-J147

（n）横断面-J148

（o）横断面-J149

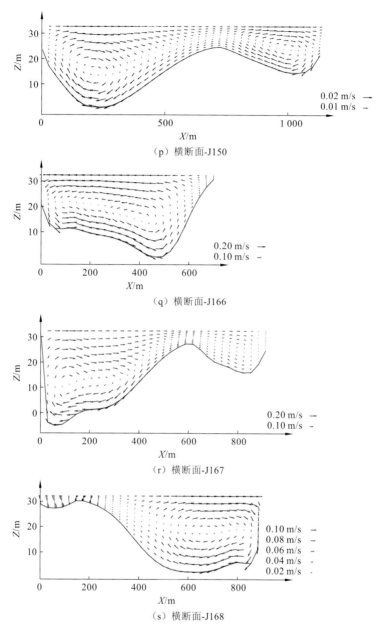

（p）横断面-J150

（q）横断面-J166

（r）横断面-J167

（s）横断面-J168

图 6.15　预测计算 10 年末河道横断面环流结构沿程变化图（流量为 28 000 m³/s）

　　由图 6.15 可知，伴随着监利河段河槽冲刷并向窄深方向发展、切滩撒弯等诸多河床冲淤调整，监利河段环流强度沿程分布曲线的变化规律为：①监利河段尤其是在切滩撒弯段，河道的弯曲曲率减小，环流强度极值减小，极值减小幅度可达 30%～50%；②环流强度极值出现的位置向上游出现了小幅位移，上移幅度约在 0～1 km。

　　需说明的是，在上述三组地形条件下的定床水流计算中，计算河段进口（监利）流量均为 28 000 m³/s，出口（盐船套）水位均为 32.16 m。由于在预测计算 10 年末、20 年末，随着主河槽的冲刷下切，在给定进口流量条件下计算河段出口的水位是降低的，本小节取出口水位相同进行计算,只是一种近似做法,存在一定误差。

5. 乌龟洲汊道分流比的变化

为较清晰地反映河床冲淤对乌龟洲左右汊道分流比的影响,本小节开展计算河段各种典型水流条件下(河道安全泄量、平滩流量、多年平均流量、枯水流量)的定床水流计算。上述四级典型水流条件下数学模型计算河段进出口流量、水位资料见表 6.4。定床水流计算分别在三组地形条件下开展,即初始地形(2016 年地形)、冲淤预测计算 10 年末(2026 年地形)、冲淤预测计算 20 年末地形(2036 年地形)。

表 6.4　典型流量下数学模型计算河段进出口分流量、水位条件

项目	鹅公凸流量 / (m³/s)	盐船套水位 /m
河道安全泄量	40 000	34.59
平滩流量	28 000	32.16
多年平均流量	12 000	25.75
枯水流量	6 000	21.12

注:表中水位基准为 1985 国家高程,出口水位按 2016 年地形推算

在上述三组地形条件、4 种水流条件的共计 12 种工况下,开展定床水流计算,计算结果见表 6.5。由前文的断面形态变化分析可知,在河床冲淤预测计算的 20 年中,乌龟洲左汊处于持续淤积状态,乌龟洲右汊的冲刷在第 10 年末已基本完成。随着乌龟洲左汊河槽淤积抬高、右汊河槽冲刷下切,乌龟洲左汊的分流比在预测计算的第 10 年末、第 20 年末处于逐步减小的发展趋势。

表 6.5　河床冲淤对乌龟洲左汊分流比的影响

项目	2016 地形分流比 /%	分流比变化值 /%	
		10 年末地形	20 年末地形
河道安全泄量	16.33	-4.98	-6.08
平滩流量	15.69	-6.21	-7.81
多年平均流量	12.53	-8.29	-11.45
枯水流量	10.23	-10.23	-10.23

河床冲淤在小流量条件下对乌龟洲左汊分流比的影响较大。在枯水流量条件下,在预测计算的第 10 年末,乌龟洲左汊已处于断流状态;在多年平均流量洪水条件下,在预测计算的第 10 年末,乌龟洲左汊分流比减少达 8.26%。

河床冲淤在大流量条件下对乌龟洲左汊分流比的影响较小。在平滩流量条件下,在预测计算第 10 年末乌龟洲左汊分流比减少 6.21%,在预测计算第 20 年末乌龟洲左汊分流比减少量增加至 7.81%;在河道安全泄量洪水条件下,在预测计算的第 10 年末乌龟洲左汊分流比减少 4.98%,在预测计算第 20 年末乌龟洲左汊分流比减少量增加至 6.08%。由此可见,在大流量条件下河床冲淤对乌龟洲左汊分流比的影响仍然显著。

6.3 来沙量减少条件下弯曲型分汊河道总体演变特征预测

弯曲型分汊河道在长江中下游干流河道中分布较广，弯曲系数相差较大，河床演变既有共性，也有个体差异，主要与来水来沙条件、河床组成及河道边界条件等影响因素有关。自然条件下，长江中下游巨大的年径流量与输沙量、抗冲性较差的河床边界为弯曲型分汊河道的较为剧烈的演变提供了水动力条件、泥沙因素及纵横向变形空间。1949年来，长江中下游河道实施了大量的护岸工程、河势控制工程、航道整治工程及洲滩控制工程等，河势得到有效控制，岸滩边界抗冲性得到显著改善，很大程度上约束了平滩以上的平面变形。三峡及干支流水库群的建设运用，三峡大坝下泄的水沙过程发生了较大的变化，尤其是来沙量的显著减少会引起中下游河道的长时间、长距离、大幅度冲刷的调整，作为中下游的弯曲分汊河道也会作出响应。

自然条件下分汊河道因来沙量巨大与河道沿程输沙能力的不均匀性会造成弯曲分汊河段不同部位的大冲大淤，来沙量减少与径流过程坦化会减缓分汊河段的冲淤变化幅度，而且主输沙带在河床演变中的作用更为明显。具体而言，弯曲分汊河道凸岸主汊在中水期主河槽推移质输沙能力增强，河槽刷深、汊道水流挟沙能力最大位置右移，造成深泓右移，水流动力轴线与江心洲顶冲点下移，可能对江心洲洲头及洲中位置造成严重冲刷，汊道凸岸侧水流挟沙能力较弱，易淤积成心滩。汇流区水流作用减弱，对左岸的顶冲作用减小，入汇点将会下移，又因为水流挟沙能力在汇流区过渡段沿程减小，会造成近洲尾位置至汇流区过渡段的淤积。

上游干支流梯级水库群的建设运用使得进入中下游的水沙条件发生较大变化，枯水流量有所增加，中水历时延长，洪峰流量消减，径流过程有所坦化。上述变化特征一方面有利于减小分汊河道分流区主流摆动幅度，另一方面则使中水附近的流量级作用时间增加，有利于形成与维持适应于中水流路的河槽。而在中水流量下弯曲型分汊河道分流区沿程各断面水流挟沙能力是逐渐增强的，加上未来来沙量的进一步减少，分流区因挟沙能力大于水体含沙量会出现冲刷，尤其是中下段冲刷可能更为严重；洪水期分流区也会因上游来沙量的减少，小于或略高于水流挟沙能力而出现小幅度冲刷或少量淤积，具体要看来沙情况与水流挟沙能力的对比。

目前统计的三峡工程蓄水运用以来监利站汛期月平均含沙量约为 $0.25\,kg/m^3$，而监利河段左汊平均水流挟沙力为 $0.25\,kg/m^3$ 左右，与目前汛期平均含沙量相当，因此左汊冲淤变化应该比较小。就主支汊的流速与输沙能力而言，监利河段右汊明显大于左汊，随着上游来沙的进一步减少，左汊因输沙能力较弱可能会出现微冲状态，而右汊冲刷则会更为剧烈。

总体而言，监利乌龟洲分汊河段左右岸的岸线及乌龟洲头部心滩及右侧已实施了整治工程，河道平面形态基本得到控制，总体河势及主支汊格局大幅度变化的可能性不大。经过三峡工程蓄水运行前期的河床冲刷粗化，在不发生大洪水的条件下监利河段河床已趋向某种程度上的冲淤平衡甚至回淤。若是上游来沙量进一步减小，河段总体会出现冲刷，并以中枯水河槽的冲刷为主导，主汊地位会随着左右汊冲刷调整而得到长期维持，滩槽冲淤演变可能出现趋势性调整，但会较自然条件下缓慢，且冲刷会使河床形态的调整往河道输沙能力减弱与宽深比减小的方向发展，并逐步趋向新的相对平衡状态。

6.4　本章小结

本章开展了弯曲分汊河道演变趋势的水沙数学模型计算，根据数学模型计算结果、结合概化模型试验相关成果与理论分析成果，预测了新水沙条件下三峡水库下游弯曲分汊河道的演变趋势，主要结论如下。

（1）选取 2008~2012+1998+2013~2016 年作为代表性水文系列，在对 1998 年水沙过程进行减沙修正、降水位修正后，开展了监利河段河床冲淤的 20 年预测计算，得到了新水沙条件下监利河段的演变规律如下。

① 从河床冲淤分布规律看，乌龟洲汊道段表现出主汊冲刷发展、支汊淤积萎缩的发展趋势，左汊处于持续淤积状态，右汊在第 10 年末已基本完成冲刷过程；此时在多年平均流量洪水条件下乌龟洲左汊分流比减少达 8.26%。乌龟洲河段的出口段左侧河槽冲刷发展、右岸低滩滩唇淤积形成沙堤。

② 从河床冲淤量变化过程看，在预测计算的第 7.75 年，监利河段达到最大冲刷幅度，冲刷量为 $2\,550\times10^4\,\mathrm{m}^3$，河床的粗化和冲刷下切在第一个 10 年水文过程中基本完成。

③ 从断面冲淤变化规律看，在乌龟洲左汊，河槽淤积，过流断面面积在第 10 年末减小 7.9%~9.5%，在第 20 年末减小 12.9%~17.9%。在乌龟洲右汊，河槽冲刷，过流断面面积在第 10 年末增加 6.5%~20.6%，在第 20 年末增幅变化很小。

④ 计算河段环流强度沿程分布曲线的变化规律为：计算河段尤其是在切滩撇弯段，河道的弯曲曲率减小，环流强度极值减小，减少幅度可达 30%~50%；环流强度极值出现的位置向上游出现了小幅位移，上移幅度约在 0~1 km。

（2）上游来沙量减少条件下监利乌龟洲分汊河段总体河势及主支汊格局不会发生大的变化，河段总体会出现冲刷，并以中枯水河槽的冲刷为主导，主汊地位将会得到进一步巩固；滩槽冲淤演变会较自然条件下缓慢，而且冲刷会使河床形态的调整与来水来沙过程逐步相适应，并朝向新的相对平衡方向发展。

（3）长江中游顺直微弯型分汊河段河床演变的趋势预测为：总体河势仍将保持稳定，局部滩槽格局的调整，长时间内河段整体以冲刷为主，其冲刷强度自上游往下游逐步发展，洲滩总面积减小的趋势仍将继续。枝城至杨家脑河段两岸河床抗冲性强，加上部分岸段受护岸工程的控制，整体虽冲刷发展但不会有大的河势变化；杨家脑—城陵矶河段两岸基本为冲积平原，距坝址较近，河床抗冲性较弱，河床的冲刷使得过流量增大，导致局部河段河势可能发生不同程度的调整，在没有人工护岸的情况下，河道平面形态变化较剧烈，同时对河岸及已建工程的稳定性产生影响；城陵矶以下河段，距坝址相对较远，局部的河势调整会延续蓄水前的冲淤规律，但淤积量会有所减小。

参 考 文 献

[1] 姚仕明, 卢金友. 长江中下游河道演变规律及冲淤预测[J]. 人民长江, 2013, 44(23): 23-27.

[2] 张小峰, 刘兴年. 河流动力学[M]. 北京: 中国水利水电出版社, 2010.

[3] 罗海超. 长江中下游分汊河道的演变特点及稳定性[J]. 水利学报, 1989(6): 10-18.

[4] 王洪杨. 弯曲分汊河道水沙运动与河床演变耦合机理研究[D]. 武汉: 长江科学院, 2017.

[5] 丁君松, 丘凤莲. 汊道分流分沙计算[J]. 泥沙研究, 1981(1): 3-5.

[6] 余文畴. 长江分汊河道口门水流及输沙特性[J]. 长江水利水电科学研究院院报, 1987(1): 14-25.

[7] 杨国录. 鹅头型汊道首部水流、泥沙运动的探讨[J]. 武汉水利电力学院学报, 1982(2): 50-59.

[8] 姚仕明, 余文畴, 董耀华. 分汊河道水沙运动特性及其对河道演变的影响[J]. 长江科学院院报, 2003, 20(1): 7-10.

[9] 李红, 王平义, 王高山. 长江中下游典型弯曲形分汊河道概化模型试验研究[J]. 中国水运(下半月), 2010(4): 73-76.

[10] 王伟峰, 王平义, 郑惊涛, 等. 弯曲形分汊河道水流紊动特性研究[J]. 水运工程, 2009(4): 117-122.

[11] 张为, 李义天, 江凌. 长江中下游典型分汊浅滩河段二维水沙数学模型[J]. 武汉大学学报(工学版), 2007, 40(1): 42-47.

[12] 余新明, 谈广鸣, 赵连军, 等. 天然分汊河道平面二维水流泥沙数值模拟研究[J]. 四川大学学报(工程科学版), 2007, 39(1): 33-37.

[13] 陆永军, 王兆印, 左利钦, 等. 长江中游瓦口子至马家咀河段二维水沙数学模型[J]. 水科学进展, 2006, 17(2): 227-234.

[14] 姚仕明, 张超, 王龙, 等. 分汊河道水流运动特性研究[J]. 水力发电学报, 2006, 25(3): 49-52.

[15] 童朝锋. 分汊口水沙运动特性及三维水流数学模型应用研究[D]. 南京: 河海大学, 2005.

[16] 黄国鲜. 弯曲和分汊河道水沙输运及其演变的三维数值模拟研究[D]. 北京: 清华大学, 2006.

[17] 李琳琳, 余锡平. 分汊河道分沙的三维数值模型[J]. 清华大学学报(自然科学版), 2009, 49(9): 1492-1497.

[18] 余文畴. 长江河道认识与实践[M]. 北京: 中国水利水电出版社, 2013.

[19] RICHARDSON W R, THORNE C R. Multiple thread flow and channel bifurcation in a braided river: Brahmaputra-Jamuna River, Bangladesh[J]. Geomorphology, 2001, 38(3): 185-196.

[20] CHALOV R, ZAVADSKII A, RULEVA S. Parallel-branch braiding of river channels: Formation conditions, morphology, and dynamics[J]. Water resources, 2008, 35(2): 156-164.

[21] 中国科学院地理研究所地貌研究室, 长江模型实验小组. 长江中下游分汊河道演变的实验研究[J]. 地理学报, 1978, 33(2): 128-147.

[22] 余文畴. 长江中下游河道水力和输沙特性的初步分析: 初论分汊河道形成条件[J]. 长江科学院院报, 1994(4): 16-22, 56.

[23] 倪晋仁, 张仁. 弯曲河型与稳定江心洲河型的关系[J]. 地理研究, 1991, 10(2): 68-74.

[24] 马有国, 高幼华. 长江中下游鹅头型汊道演变规律的分析[J]. 泥沙研究, 2001(1): 11-15.

[25] 江凌, 李义天, 张为. 长江中游沙市河段演变趋势探析[J]. 泥沙研究, 2006(3): 76-81.

[26] 陈立, 周银军, 闫霞, 等. 三峡下游不同类型分汊河段冲刷调整特点分析[J]. 水力发电学报, 2011, 30(3): 109-116.

[27] 孙昭华, 李义天, 黄颖, 等. 长江中游城陵矶-湖口分汊河道洲滩演变及碍航成因探析[J]. 水利学报, 2011, 42(12): 1398-1406.

[28] 王博, 姚仕明, 岳红艳, 等. 三峡水库运用后武汉天兴洲分汊河段演变规律及趋势[J]. 长江科学院院报, 2015, 32(8): 1-8.

[29] 熊治平, 邓良爱. 荆州关洲河段河道演变分析[J]. 人民长江, 1999(5): 27-28.

[30] 陈立, 闫霞, 周银军. 三峡水库蓄水初期关洲分汊河段的冲淤调整特性分析[J]. 泥沙研究, 2012(2): 53-55.

[31] 刘亚, 李义天, 卢金友. 鹅头分汊河型河道演变时空差异研究[J]. 应用基础与工程科学学报, 2015(4): 705-714.

[32] 王博. 三峡水库运用后坝下游微弯型分汊河道演变机理研究[D]. 武汉: 长江科学院, 2013.

[33] 卢金友, 姚仕明, 邵学军, 等. 三峡工程运用后初期坝下游江湖响应过程[M]. 北京: 科学出版社, 2012.

[34] 姚仕明, 余文畴. 长江弯曲型分汊河道分流区水流泥沙运动特性[C]. 黄河水利科学研究院. 第六届全国泥沙基本理论研究学术研讨会论文集. 郑州: 黄河水利出版社, 2005: 325-331.

[35] 王洪杨, 姚仕明, 周儒夫. 三峡水库下游荆江河段推移质输沙率计算方法分析[J]. 泥沙研究, 2017, 42(1): 6-11.

[36] 董占地, 吉祖稳, 胡海华. 怒江中游河段推移质输沙率计算公式的实验研究[J]. 泥沙研究, 2010(5): 7-12.

[37] 长江科学院. 三峡水库下游宜昌至大通河段冲淤一维数模计算分析. 长江三峡工程泥沙问题研究(VoL7)[M]. 北京: 知识出版社, 2002.